环球网校

严格按照全新考试大纲编写

二级建造师执业资格考试

# 同步章节习题集

## 建筑工程管理与实务

环球网校建造师考试研究院 主编

东南大学出版社
SOUTHEAST UNIVERSITY PRESS
·南京·

图书在版编目(CIP)数据

建筑工程管理与实务 / 环球网校建造师考试研究院主编． -- 南京：东南大学出版社，2024.7
二级建造师执业资格考试同步章节习题集
ISBN 978-7-5766-0964-6

Ⅰ.①建… Ⅱ.①环… Ⅲ.①建筑工程-施工管理-资格考试-习题集 Ⅳ.①TU71-44

中国国家版本馆 CIP 数据核字(2023)第 216933 号

责任编辑：马伟　责任校对：子雪莲　封面设计：环球网校·志道文化　责任印制：周荣虎

**建筑工程管理与实务**
Jianzhu Gongcheng Guanli yu Shiwu

主　　编：环球网校建造师考试研究院
出版发行：东南大学出版社
出 版 人：白云飞
社　　址：南京四牌楼 2 号　邮编：210096　电话：025-83793330
网　　址：http://www.seupress.com
电子邮件：press@seupress.com
经　　销：全国各地新华书店
印　　刷：三河市中晟雅豪印务有限公司
开　　本：787 mm×1092 mm　1/16
印　　张：11
字　　数：290 千字
版　　次：2024 年 7 月第 1 版
印　　次：2024 年 7 月第 1 次印刷
书　　号：ISBN 978-7-5766-0964-6
定　　价：49.00 元

本社图书若有印装质量问题，请直接与营销部联系。电话(传真)：025-83791830

## 环球君带你学建筑

二级建造师执业资格考试实行全国统一大纲，各省、自治区、直辖市命题并组织的考试制度，分为综合科目和专业科目。综合考试涉及的主要内容是二级建造师在建设工程各专业施工管理实践中的通用知识，它在各个专业工程施工管理实践中具有一定普遍性，包括《建设工程施工管理》《建设工程法规及相关知识》2个科目，这2个科目为各专业考生统考科目。专业考试涉及的主要内容是二级建造师在专业工程施工管理实际工程中应该掌握和了解的专业知识，有较强的专业性，包括建筑工程、市政公用工程、机电工程、公路工程、水利水电工程等专业。

二级建造师《建筑工程管理与实务》考试时间为150分钟，满分120分。试卷共有三道大题：单项选择题、多项选择题、实务操作和案例分析题。其中，单项选择题共20题，每题1分，每题的备选项中，只有1个最符合题意。多项选择题共10题，每题2分，每题的备选项中，有2个或2个以上符合题意，至少有1个错项。错选，本题不得分；少选，所选的每个选项得0.5分。实务操作和案例分析题共4题，每题20分。

做题对于高效复习、顺利通过考试极为重要。为帮助考生巩固知识、理顺思路，提高应试能力，环球网校建造师考试研究院依据二级建造师执业资格考试全新考试大纲，精心选择并剖析常考知识点，深入研究历年真题，倾心打造了这本同步章节习题集。环球网校建造师考试研究院建议您按照如下方法使用本书。

◇**学练结合，夯实基础**

环球网校建造师考试研究院依据全新考试大纲，按照知识点精心选编同步章节习题，并对习题进行了分类——标注"必会"的知识点及题目，需要考生重点掌握；标注"重要"的知识点及题目，需要考生会做并能运用；标注"了解"的知识点及题目，考生了解即可，不作为考试重点。建议考生制订适合自己的学习计划，学练结合，扎实备考。

◇**学思结合，融会贯通**

本书中的每道题目均是环球网校建造师考试研究院根据考试频率和知识点的考查方向精挑细选出来的。在复习备考过程中，建议考生勤于思考、善于总结，灵活运用所学知识，提升抽丝剥茧、融会贯通的能力。此外，建议考生对错题进行整理和分析，从每一道具体的错题入手，分析错误的知识原因、能力原因、解题习惯原因等，从而完善知识体系，达到高效备考的目的。

◇ **系统学习，高效备考**

在学习过程中，一方面要抓住关键知识点，提高做题正确率；另一方面要关注知识体系的构建。在掌握全书知识脉络后，一定要做套试卷进行模拟考试。考生还可以扫描目录中的二维码，进入二级建造师课程＋题库App，随时随地移动学习海量课程和习题，全方位提升应试水平。

本套辅导用书在编写过程中，虽几经斟酌和校阅，仍难免有不足之处，恳请广大读者和考生予以批评指正。

相信本书可以帮助广大考生在短时间内熟悉出题"套路"、学会解题"思路"、找到破题"出路"。在二级建造师执业资格考试之路上，环球网校与您相伴，助您一次通关！

请大胆写出你的得分目标＿＿＿＿＿＿

**环球网校建造师考试研究院**

# 目 录

## 第一篇 建筑工程技术

**第一章 建筑工程设计与构造要求/参考答案与解析** ………………………………… 3/113
    第一节 建筑设计构造要求/参考答案与解析 …………………………………… 3/113
    第二节 建筑结构设计与构造要求/参考答案与解析 …………………………… 8/116

**第二章 主要建筑工程材料性能与应用/参考答案与解析** …………………………… 13/119
    第一节 常用结构工程材料/参考答案与解析 …………………………………… 13/119
    第二节 常用建筑装饰装修和防水、保温材料/参考答案与解析 ……………… 18/123

**第三章 建筑工程施工技术/参考答案与解析** ………………………………………… 22/125
    第一节 施工测量放线/参考答案与解析 ………………………………………… 22/125
    第二节 地基与基础工程施工/参考答案与解析 ………………………………… 24/127
    第三节 主体结构工程施工/参考答案与解析 …………………………………… 29/130
    第四节 屋面、防水与保温工程施工/参考答案与解析 ………………………… 36/134
    第五节 装饰装修工程施工/参考答案与解析 …………………………………… 40/136
    第六节 季节性施工技术/参考答案与解析 ……………………………………… 44/138

## 第二篇 建筑工程相关法规与标准

**第四章 相关法规/参考答案与解析** …………………………………………………… 49/140
**第五章 相关标准/参考答案与解析** …………………………………………………… 50/140

## 第三篇 建筑工程项目管理实务

**第六章 建筑工程企业资质与施工组织/参考答案与解析** …………………………… 55/142
**第七章 施工招标投标与合同管理/参考答案与解析** ………………………………… 59/144
**第八章 施工进度管理/参考答案与解析** ……………………………………………… 64/148
**第九章 施工质量管理/参考答案与解析** ……………………………………………… 67/149
**第十章 施工成本管理/参考答案与解析** ……………………………………………… 72/152
**第十一章 施工安全管理/参考答案与解析** …………………………………………… 74/153
**第十二章 绿色施工及现场环境管理/参考答案与解析** ……………………………… 79/157

# 第四篇　案例专题模块

- 模块一　进度管理/参考答案与解析 ………………………………………………… 83/160
- 模块二　质量和验收管理/参考答案与解析 …………………………………………… 91/161
- 模块三　安全管理/参考答案与解析 …………………………………………………… 99/163
- 模块四　合同、招投标及成本管理/参考答案与解析 ………………………………… 105/165
- 模块五　现场管理/参考答案与解析 …………………………………………………… 111/167

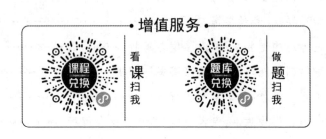

注：斜杠后的页码为对应的参考答案与解析，方便您更高效地使用本书。祝您顺利通关！

# PART 1

## 第一篇
## 建筑工程技术

学习计划:

扫码做题
熟能生巧

水滴石穿 非一日之功

# 第一章　建筑工程设计与构造要求

## 第一节　建筑设计构造要求

■ 知识脉络

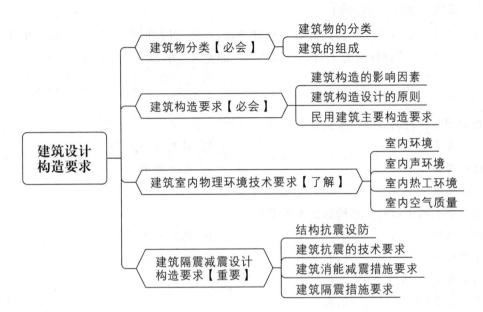

考点 1　建筑物分类【必会】

1.【单选】下列选项中，不属于单层或多层民用建筑的是（　　）。
　A. 建筑高度不大于27m的住宅建筑　　B. 建筑高度等于24m的公共建筑
　C. 建筑高度大于24m的单层公共建筑　　D. 建筑高度不大于27m的公共建筑

2.【单选】民用建筑按使用功能可分为居住建筑和公共建筑两大类，居住建筑包括（　　）。
　A. 工业建筑、农业建筑　　B. 居住建筑、非居住建筑
　C. 超高层建筑、非超高层建筑　　D. 住宅建筑、宿舍建筑

3.【单选】下列建筑中，不属于公共建筑的是（　　）。
　A. 图书馆　　B. 办公楼
　C. 宿舍　　D. 医院

4.【单选】某非单层宾馆，高度为25m，则该建筑为（　　）民用建筑。
　A. 低层　　B. 多层
　C. 中高层　　D. 高层

5.【单选】下列关于建筑物的组成，说法正确的是（　　）。
　A. 围护体系由屋顶、内墙、门、窗等组成
　B. 结构体系仅包括墙、柱、梁、基础
　C. 设备体系包括给水排水系统、供电系统和供热通风系统

D. 建筑物由结构体系、围护体系、设备体系和智能系统组成

6.【单选】下列选项中，属于建筑物围护体系的是（　　）。
   A. 屋顶　　　　　　　　　　　　B. 内墙
   C. 屋面　　　　　　　　　　　　D. 墙

7.【单选】下列选项中，不属于建筑物结构体系的是（　　）。
   A. 墙　　　　　　　　　　　　　B. 屋面
   C. 柱　　　　　　　　　　　　　D. 屋顶

### 考点 2　建筑构造要求【必会】

1.【单选】非实行建筑高度控制区内的某栋住宅楼，其室外地面标高为－0.3m，坡屋顶屋檐标高为24.0m，屋顶标高为26.0m，则该工程的建筑高度为（　　）m。
   A. 24.3　　　　　　　　　　　　B. 25.3
   C. 26.0　　　　　　　　　　　　D. 26.3

2.【多选】建筑构造的影响因素主要有（　　）。
   A. 环境因素　　　　　　　　　　B. 荷载因素
   C. 技术因素　　　　　　　　　　D. 历史因素
   E. 建筑标准

3.【多选】下列属于影响建筑构造技术因素的有（　　）。
   A. 建筑结构　　　　　　　　　　B. 施工方法
   C. 建筑材料　　　　　　　　　　D. 造价标准
   E. 结构自重

4.【多选】建筑构造设计的原则有（　　）。
   A. 设备齐全　　　　　　　　　　B. 经济合理
   C. 技术先进　　　　　　　　　　D. 坚固实用
   E. 美观大方

5.【单选】下列关于民用建筑主要构造要求的说法，正确的是（　　）。
   A. 实行建筑高度控制区内的建筑，坡屋顶应按建筑物室外地面至屋檐和屋脊的平均高度计算
   B. 地下室、局部夹层、走道等有人员正常活动的最低处的净高不应小于2m
   C. 楼梯应至少于一侧设扶手，梯段净宽达三股人流时应加设中间扶手
   D. 居住建筑的居室在任何情况下严禁设置在半地下室

6.【单选】下列关于建筑高度计算的说法，错误的是（　　）。
   A. 自然排放的烟道或通风道应伸出屋面，平屋面伸出高度不得小于0.60m
   B. 非实行建筑高度控制区内，无女儿墙的建筑物应按建筑物主入口场地室外设计地面计算至屋面檐口
   C. 每个梯段的踏步不应超过18级，且不应少于2级
   D. 非实行建筑高度控制区内，同一座建筑物有多种屋面形式时，分别计算后取最小值

7.【单选】下列关于民用建筑主要构造要求的说法，错误的是（　　）。
   A. 地下连续墙、支护桩、地下室底板及其基础、化粪池不允许突出道路和用地红线

B. 室内净高应按楼地面完成面至吊顶、楼板或梁底面之间的垂直距离计算

C. 建筑高度大于100m的民用建筑，应设置避难层（间）

D. 临空高度大于24m，栏杆高度不应低于1.05m

8.【单选】下列关于民用建筑主要构造要求的说法，错误的是（　　）。

A. 除地下室、窗井、建筑入口的台阶、坡道、雨篷外，建（构）筑物主体不得突出建筑控制线

B. 上人屋面和交通、商业、旅馆、学校、医院等建筑临开敞中庭的栏杆高度不应低于1.2m

C. 砌筑墙体应在室外地面以上、位于室内地面垫层处设置连续的水平防潮层

D. 公共建筑室内外台阶踏步宽度不宜小于0.25m

9.【多选】下列关于民用建筑构造的表述，正确的有（　　）。

A. 自然排放的烟道或通风道应伸出屋面，平屋面伸出高度不得小于0.60m

B. 公共建筑室内外台阶踏步高度不宜小于0.15m

C. 砌体墙应在室外地面以上，位于室内地面垫层处设置连续的水平防潮层

D. 室内楼梯扶手高度自踏步前缘线量起不宜小于0.90m

E. 建筑高度大于100m的民用建筑，应设置避难层（间）

10.【多选】下列关于临空处应设置防护栏杆的做法，错误的有（　　）。

A. 上人屋面和交通、商业、旅馆、学校、医院等建筑临开敞中庭的栏杆高度不应低于1.0m

B. 临空高度25m，栏杆高度为1.05m

C. 临空高度在24m以下时，栏杆高度不应低于0.90m

D. 栏杆应以坚固、耐久的材料制作，并能承受荷载规范规定的水平荷载

E. 住宅、托儿所、幼儿园等场所的栏杆，当采用垂直杆件做栏杆时，其杆间的净距为0.12m

### 考点 3　建筑室内物理环境技术要求【了解】

1.【多选】下列关于室内环境的说法，错误的有（　　）。

A. 生活、工作的房间的通风开口有效面积不应小于该房间地面面积的1/20

B. 医疗建筑的一般病房的采光不应低于采光等级Ⅳ级的采光系数标准值

C. 公共建筑外窗可开启面积不小于外窗总面积的20%

D. 公共建筑外窗可开启面积不小于外窗总面积的30%

E. 屋顶透明部分的面积不小于屋顶总面积的20%

2.【多选】下列关于光源的选择，说法正确的有（　　）。

A. 开关频繁、要求瞬时启动和连续调光等场所，宜选用气体光源

B. 热辐射光源用在居住建筑、开关频繁、不允许有频闪现象的场所

C. 有高速运转物体的场所，宜采用混合光源

D. 气体放电光源的缺点有频闪现象、镇流噪声

E. 图书馆存放或阅读珍贵资料的场所，宜采用短波辐射光源

3. 【多选】下列关于围护结构保温层设置的说法，正确的有（　　）。
   A. 内保温可降低墙或屋顶温度应力的起伏
   B. 内保温在内外墙连接以及外墙与楼板连接等处产生热桥
   C. 间歇空调的房间宜采用内保温
   D. 连续空调的房间宜采用外保温
   E. 体形系数越大，耗热量比值越小

4. 【单选】下列关于建筑材料的吸声种类，说法错误的是（　　）。
   A. 麻棉毛毡、玻璃棉、岩棉、矿棉材料属于多孔吸声材料
   B. 矿棉属于薄板吸声材料
   C. 皮革、人造革属于薄膜吸声结构
   D. 帘幕具有多孔材料的吸声特性

5. 【单选】建筑物的高度相同，其平面形式为（　　）时体形系数最小。
   A. 正方形　　　　　　　　　　B. 长方形
   C. 圆形　　　　　　　　　　　D. 其他组合形式

6. 【单选】下列关于建筑物体形系数的说法，错误的是（　　）。
   A. 严寒、寒冷地区的公共建筑的体形系数应小于等于 0.40
   B. 建筑物的高度相同，其平面形式为圆形时体形系数最小
   C. 体形系数越大，耗热量比值越小
   D. 建筑物的高度相同，平面形式为正方形时的体形系数小于平面形式为长方形时的体形系数

7. 【单选】下列关于围护结构外保温的描述，错误的是（　　）。
   A. 在内外墙连接以及外墙与楼板连接等处产生热桥
   B. 对防止或减少保温层内部产生水蒸气凝结有利
   C. 连续空调的房间宜采用外保温
   D. 可降低墙或屋顶温度应力的起伏应力，提高结构的耐久性

8. 【多选】围护结构外墙隔热的方法有（　　）。
   A. 外表面采用浅色处理　　　　B. 增设墙面遮阳
   C. 设置通风间层　　　　　　　D. 增大窗墙面积比
   E. 内设铝箔隔热层

### 考点 4　建筑隔震减震设计构造要求【重要】

1. 【多选】我国规范抗震设防的目标，说法正确的有（　　）。
   A. 小震不坏　　　　　　　　　B. 大震可修
   C. 中震不倒　　　　　　　　　D. 特大震不倒
   E. 中震可修

2. 【多选】"三个水准"的抗震设防目标是指（　　）。
   A. 当遭受低于本地区抗震设防烈度的多遇地震影响时，主体结构不受损坏或不需修理仍可继续使用
   B. 当遭受低于本地区抗震设防烈度的多遇地震影响时，可能损坏，经一般性修理仍可继续

使用

C. 当遭受相当于本地区抗震设防烈度的地震影响时，可能损坏，经一般性修理仍可继续使用

D. 当遭受高于本地区抗震设防烈度的罕遇地震影响时，不致倒塌或发生危及生命的严重破坏

E. 当遭受低于本地区抗震设防烈度的多遇地震影响时，不致倒塌或发生危及生命的严重破坏

3.【多选】下列关于框架结构震害的说法，正确的有（　　）。

　　A. 一般是柱的震害重于梁

　　B. 柱底的震害重于柱顶

　　C. 框架结构震害的严重部位多发生在框架梁柱节点和填充墙处

　　D. 内柱的震害重于角柱

　　E. 短柱的震害重于一般柱

4.【多选】下列说法符合建筑抗震技术要求的一般规定的有（　　）。

　　A. 建筑的非结构构件及附属机电设备，其自身及与结构主体的连接，应进行抗震设防

　　B. 混凝土结构房屋以及钢-混凝土组合结构房屋中，框支梁、框支柱及抗震等级不低于三级

　　C. 抗震等级不低于二级的框架梁、柱、节点核芯区的混凝土强度等级不应低于C30

　　D. 对于框架结构房屋，无需考虑填充墙、围护墙和楼梯构件的刚度影响

　　E. 采用砌体墙时，应设置拉结筋、水平系梁、圈梁、构造柱等与主体结构可靠拉结

5.【多选】下列关于砌体结构房屋中抗震构造措施的说法，错误的有（　　）。

　　A. 砌体结构房屋应设置现浇钢筋混凝土圈梁、构造柱或芯柱

　　B. 不得采用独立砖柱

　　C. 砌体结构房屋中的构造柱、芯柱、圈梁及其他各类构件的混凝土强度等级不应低于C20

　　D. 对跨度不小于4m的大梁，其支承构件应采用组合砌体等加强措施，并应满足承载力要求

　　E. 对于砌体抗震墙，其施工应先砌墙后浇构造柱、框架梁柱

6.【多选】下列关于多层砖砌体房屋楼梯间构造要求，说法正确的有（　　）。

　　A. 装配式楼梯段应与平台板的梁可靠连接

　　B. 8、9度地震设防时，不应采用装配式楼梯段

　　C. 8、9度地震设防时，不应采用墙中悬挑式踏步楼梯

　　D. 8、9度地震设防时，可采用无筋砖砌栏板

　　E. 突出屋顶的楼梯间、电梯间，构造柱应伸到顶部，并与顶部圈梁连接

7.【多选】下列关于消能部件连接的说法，正确的有（　　）。

　　A. 对于钢结构，消能部件和主体结构构件的总体安装顺序宜采用平行安装法

　　B. 对于钢结构，消能部件和主体结构构件的总体安装顺序宜采用后装法进行

　　C. 消能部件的现场安装单元或扩大安装单元与主体结构的连接，宜采用现场原位连接

　　D. 对于现浇混凝土结构，消能部件和主体结构构件的总体安装顺序宜采用后装法进行

　　E. 对于现浇混凝土结构，消能部件和主体结构构件的总体安装顺序宜采用平行安装法

8. 【单选】钢筋混凝土构件作为消能器的支撑构件时,其混凝土强度等级不应低于( )。
   A. C25
   B. C30
   C. C35
   D. C40

9. 【单选】隔震层中隔震支座的设计使用年限不应低于建筑结构的设计使用年限,且不宜低于( )年。
   A. 5
   B. 25
   C. 50
   D. 100

## 第二节 建筑结构设计与构造要求

■ 知识脉络

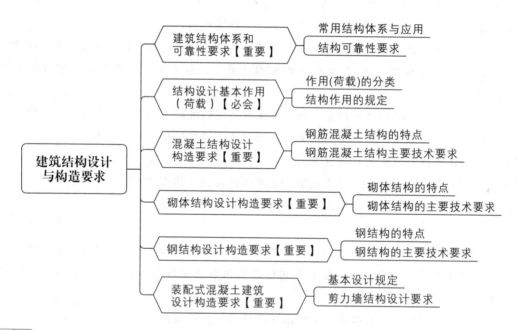

**考点 1** 建筑结构体系和可靠性要求【重要】

1. 【单选】框架-剪力墙结构中,主要承受水平荷载的是( )。
   A. 剪力墙
   B. 框架
   C. 剪力墙和框架
   D. 不能确定

2. 【单选】常用建筑结构体系中,应用高度最高的结构体系是( )。
   A. 筒体结构
   B. 剪力墙结构
   C. 框架-剪力墙结构
   D. 框架结构

3. 【单选】框架结构的优点是( )。
   A. 建筑平面布置灵活
   B. 侧向刚度较小
   C. 侧向刚度大
   D. 结构自重较大

4. 【单选】某厂房在经历强烈地震后，其结构仍能保持必要的整体性而不发生倒塌的功能属于结构的（　　）。
   A. 安全性　　　　　　　　　　　　　B. 适用性
   C. 耐久性　　　　　　　　　　　　　D. 稳定性

5. 【单选】下列事件中，满足结构适用性功能要求的是（　　）。
   A. 某厂房结构遇到爆炸，有局部的损伤，但结构整体稳定并不发生倒塌
   B. 某水下构筑物在正常维护条件下，钢筋受到严重锈蚀，但满足使用年限
   C. 某厂房在正常使用时，吊车梁出现变形，但在规范规定之内，吊车正常运行
   D. 某建筑物遇到强烈地震，虽有局部损伤，但结构整体稳定

6. 【单选】结构的（　　）是指结构在规定的工作环境中，在预期的使用年限内，在正常维护条件下不需进行大修就能完成预定功能的能力。
   A. 安全性　　　　　　　　　　　　　B. 耐久性
   C. 稳定性　　　　　　　　　　　　　D. 适用性

7. 【单选】下列关于结构耐久性要求的说法，正确的是（　　）。
   A. 一般环境的腐蚀机理是氯盐引起钢筋锈蚀
   B. 易于替换的结构构件设计使用年限为5年
   C. 预应力混凝土楼板结构的混凝土最低强度等级不应低于C30
   D. 直接接触土体浇筑的构件，其混凝土保护层厚度不应小于40mm

8. 【单选】通常条件下，对梁变形影响最大的因素是（　　）。
   A. 材料性能　　　　　　　　　　　　B. 构件跨度
   C. 构件截面　　　　　　　　　　　　D. 荷载

9. 【单选】某受均布荷载的简支梁，影响其跨中最大位移因素的说法正确的是（　　）。
   A. 与材料的弹性模量$E$成反比，与截面的惯性矩$I$成正比
   B. 与材料的弹性模量$E$成正比，与截面的惯性矩$I$成反比
   C. 与材料的弹性模量$E$成正比，与截面的惯性矩$I$成正比
   D. 与材料的弹性模量$E$成反比，与截面的惯性矩$I$成反比

10. 【单选】根据《混凝土结构耐久性设计标准》（GB/T 50476—2019）规定，结构所处环境类别为Ⅲ级时，是处在（　　）环境。
    A. 冻融　　　　　　　　　　　　　　B. 海洋氯化物
    C. 化学腐蚀　　　　　　　　　　　　D. 除冰盐等其他氯化物

11. 【单选】环境作用类别"Ⅲ—F"表示海洋氯化物环境对配筋混凝土结构的作用达到（　　）程度。
    A. 轻微　　　　　　　　　　　　　　B. 严重
    C. 非常严重　　　　　　　　　　　　D. 极端严重

考点 2　结构设计基本作用（荷载）【必会】

1. 【单选】下列属于间接作用的是（　　）。
   A. 固定隔墙自重　　　　　　　　　　B. 混凝土收缩、徐变
   C. 风荷载　　　　　　　　　　　　　D. 撞击作用

2. 【单选】建筑结构设计时，对永久荷载应采用（　　）作为代表值。
   A. 组合值
   B. 标准值
   C. 频遇值
   D. 准永久值

3. 【单选】将动力荷载简化为静力作用施加于楼面和梁时，应将活荷载乘以动力系数，动力系数不应小于（　　）。
   A. 0.9
   B. 1.0
   C. 1.1
   D. 1.2

### 考点 3　混凝土结构设计构造要求【重要】

1. 【多选】钢筋混凝土结构的优点有（　　）。
   A. 就地取材
   B. 可模性好
   C. 耐久性好
   D. 抗裂性好
   E. 整体性好

2. 【单选】下列说法满足钢筋混凝土结构体系技术要求的是（　　）。
   A. 混凝土结构体系应满足工程的承载能力、刚度和延性性能要求
   B. 应采用混凝土结构构件与砌体结构构件混合承重的结构体系
   C. 房屋建筑结构不宜采用双向抗侧力结构体系
   D. 抗震设防烈度为8度的高层建筑，不应采用带转换层的结构、带加强层的结构、错层结构和连体结构

3. 【多选】下列说法符合混凝土结构构造要求的相关规定的有（　　）。
   A. 应满足被连接构件之间的受力及变形性能要求
   B. 非结构构件与结构构件的连接应适应主体结构变形需求
   C. 连接不应先于被连接构件破坏
   D. 连接应先于被连接构件破坏
   E. 承受动力循环作用的混凝土结构或构件，可不进行构件的疲劳承载力验算

4. 【多选】下列说法符合混凝土结构构件最小截面尺寸的相关规定的有（　　）。
   A. 矩形截面框架梁的截面宽度不应小于300mm
   B. 矩形截面框架柱的边长不应小于200mm
   C. 现浇钢筋混凝土实心楼板的厚度不应小于80mm
   D. 现浇空心楼板的顶板、底板厚度均不应小于50mm
   E. 预制钢筋混凝土实心叠合楼板的预制底板及后浇混凝土厚度均不应小于50mm

5. 【单选】下列关于混凝土结构构件设计强度等级要求的说法，正确的是（　　）。
   A. 素混凝土结构构件的混凝土强度等级不应低于C25
   B. 钢筋混凝土结构构件的混凝土强度等级不应低于C20
   C. 抗震等级不低于二级的钢筋混凝土结构构件，混凝土强度等级不应低于C30
   D. 钢-混凝土组合结构构件的混凝土强度等级不应低于C25

6. 【单选】下列关于混凝土结构钢筋技术要求，符合相关规定的是（　　）。
   A. 受拉钢筋锚固长度不应小于200mm
   B. 对受压钢筋，其锚固长度不应小于受拉钢筋锚固长度的75%

C. 混凝土结构用普通钢筋、预应力筋应具有符合工程结构在承载能力极限状态和正常使用极限状态下需求的刚度和延伸率

D. 混凝土结构构件的钢筋、预应力筋代换时，应取得施工变更文件

### 考点 4　砌体结构设计构造要求【重要】

1.【单选】砌体结构具有的特点不包括（　　）。
　A. 较好的耐久性　　　　　　　　　　B. 节能效果好
　C. 砌筑工程量繁重　　　　　　　　　D. 抗弯能力好

2.【单选】砌体结构中，预制钢筋混凝土板在混凝土圈梁上的支承长度（　　）。
　A. 不应小于50mm　　　　　　　　　B. 不应小于60mm
　C. 不应小于70mm　　　　　　　　　D. 不应小于80mm

3.【单选】砌体结构主要应用于以承受（　　）为主的墙体等构件。
　A. 竖向荷载　　　　　　　　　　　　B. 水平荷载
　C. 弯矩　　　　　　　　　　　　　　D. 剪力

4.【多选】砌体结构包括（　　）。
　A. 砖砌体结构　　　　　　　　　　　B. 框架-剪力墙结构
　C. 砌块砌体结构　　　　　　　　　　D. 石砌体结构
　E. 剪力墙结构

5.【单选】砌体结构施工质量控制等级分为（　　）级。
　A. 一　　　　　　　　　　　　　　　B. 二
　C. 三　　　　　　　　　　　　　　　D. 四

6.【单选】关于多层砖砌体房屋现浇混凝土圈梁的要求，错误的是（　　）。
　A. 箍筋间距不应大于500mm
　B. 圈梁的截面高度不应小于120mm
　C. 圈梁宽度不应小于190mm
　D. 砌体结构房屋中，圈梁的混凝土强度等级不应低于C25

### 考点 5　钢结构设计构造要求【重要】

1.【单选】钢结构的耐火性差，当温度达到（　　）℃时，钢结构的材质将会发生较大变化；当温度达到（　　）℃时，结构会瞬间崩溃，完全丧失承载能力。
　A. 200，350　　　　　　　　　　　　B. 300，350
　C. 250，500　　　　　　　　　　　　D. 350，500

2.【多选】钢结构具有的主要优点包括（　　）。
　A. 材料强度高　　　　　　　　　　　B. 自重轻
　C. 塑性和韧性差　　　　　　　　　　D. 施工工期长
　E. 可再生

3.【多选】钢结构的缺点有（　　）。
　A. 抗震性能好　　　　　　　　　　　B. 维护费用较低
　C. 易腐蚀　　　　　　　　　　　　　D. 耐火性差

E. 自重轻

4. 【多选】建筑型钢通常指热轧成型的（　　）。
   A. 槽钢
   B. 工字钢
   C. H型钢
   D. 钢板
   E. 角钢

5. 【多选】承重结构采用的钢材应具有（　　）性能合格证明。
   A. 屈服强度
   B. 断后伸长率
   C. 抗压强度
   D. 硫、磷含量
   E. 抗拉强度

6. 【多选】钢结构施工阶段应进行的验算包括（　　）。
   A. 强度
   B. 材料选用
   C. 稳定性
   D. 刚度
   E. 专门性能设计

7. 【多选】钢结构承受动荷载且要进行疲劳验算时，严禁使用（　　）接头。
   A. 塞焊
   B. 槽焊
   C. 电渣焊
   D. 气电立焊
   E. 坡口焊

### 考点 6　装配式混凝土建筑设计构造要求【重要】

1. 【多选】预制剪力墙宜采用（　　）形。
   A. 十字
   B. 一字
   C. T
   D. L
   E. U

2. 【多选】装配式混凝土建筑是建筑工业化最重要的方式，它具有（　　）等许多优点。
   A. 提高质量
   B. 延长工期
   C. 节约能源
   D. 减少消耗
   E. 清洁生产

3. 【单选】装配式混凝土钢筋连接不可采用（　　）连接。
   A. 套筒灌浆
   B. 焊接
   C. 预留孔洞搭接
   D. 绑扎

# 第二章 主要建筑工程材料性能与应用

## 第一节 常用结构工程材料

**知识脉络**

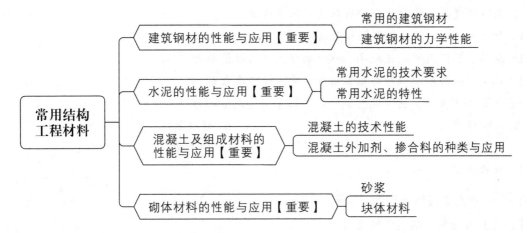

### 考点 1 建筑钢材的性能与应用【重要】

1. 【单选】下列关于钢板材的说法,错误的是( )。
   A. 规格表示方法为"宽度×厚度×长度"(单位为 mm)
   B. 厚板厚度大于等于 4mm
   C. 薄板厚度小于等于 4mm
   D. 薄板主要用于屋面板、楼板和墙板等

2. 【单选】( )是建筑工程中用量最大的钢材品种之一,主要用于钢筋混凝土结构和预应力钢筋混凝土结构的配筋。
   A. 热轧钢筋              B. 钢绞丝
   C. 预应力钢丝            D. 钢绞线

3. 【多选】牌号为 HRB400E 的钢筋需满足的要求有( )。
   A. 抗拉强度实测值与屈服强度实测值的比值不大于 1.25
   B. 抗拉强度实测值与屈服强度实测值的比值不小于 1.25
   C. 屈服强度实测值与屈服强度标准值的比值不小于 1.30
   D. 屈服强度实测值与屈服强度标准值的比值不大于 1.30
   E. 最大力总延伸率实测值不应小于 9%

4. 【多选】建筑钢材拉伸性能的指标包括( )。
   A. 屈服强度              B. 抗拉强度
   C. 强屈比                D. 伸长率
   E. 冲击性能

5. 【单选】在工程应用中，钢材的塑性指标通常用（ ）表示。
   A. 疲劳性能
   B. 冷弯性能
   C. 伸长率
   D. 极限抗拉强度

6. 【单选】建筑钢材伸长率越大，说明钢材的（ ）。
   A. 强度越高
   B. 塑性越大
   C. 耐疲劳性越好
   D. 可焊性越好

7. 【多选】下列关于钢材主要性能的描述，错误的有（ ）。
   A. 钢材的力学性能包括拉伸性能、冲击性能和疲劳性能
   B. 屈服强度是结构设计中钢材强度的取值依据
   C. 伸长率越大，说明钢材的塑性越小
   D. 脆性临界温度的数值越高，钢材的低温冲击性能越好
   E. 在工程应用中，钢材的塑性指标通常用伸长率表示

8. 【多选】下列建筑钢材性能指标中，不属于工艺性能的有（ ）。
   A. 屈服强度
   B. 焊接性能
   C. 疲劳强度
   D. 伸长率
   E. 弯曲性能

### 考点 2　水泥的性能与应用【重要】

1. 【多选】普通水泥的主要特性有（ ）。
   A. 早期强度较高
   B. 水化热较大
   C. 抗冻性较差
   D. 耐热性较好
   E. 干缩性较小

2. 【多选】硅酸盐水泥的主要特性有（ ）。
   A. 水化热大
   B. 干缩性较大
   C. 耐蚀性较差
   D. 抗冻性较差
   E. 早期强度高

3. 【多选】矿渣水泥的主要特性有（ ）。
   A. 水化热较大
   B. 干缩性较大
   C. 耐蚀性较好
   D. 抗冻性差
   E. 早期强度高

4. 【多选】火山灰水泥的主要特性有（ ）。
   A. 耐热性好
   B. 耐蚀性较好
   C. 抗渗性较好
   D. 抗冻性差
   E. 早期强度低

5. 【单选】下列水泥中，水化热最大的是（ ）。
   A. 普通水泥
   B. 粉煤灰水泥
   C. 硅酸盐水泥
   D. 火山灰水泥

6. 【多选】下列属于火山灰水泥和粉煤灰水泥共同点的有（ ）。
   A. 凝结硬化慢、早期强度低
   B. 水化热较大

C. 抗冻性较好  
E. 耐蚀性较差  
D. 耐热性较差

7. 【单选】硅酸盐水泥的终凝时间不得长于（　　）。  
A. 45min  B. 5h  
C. 6.5h  D. 10h

8. 【单选】常用水泥的初凝时间均不得早于（　　）min。  
A. 30  B. 45  
C. 60  D. 90

9. 【单选】下列关于建筑工程中常用水泥性能与技术要求的说法，正确的是（　　）。  
A. 水泥的终凝时间是从水泥加水拌合至水泥浆开始失去可塑性所需的时间  
B. 六大常用水泥的初凝时间均不得长于45min  
C. 水泥中的碱含量太低更容易产生碱骨料反应  
D. 水泥的体积安定性不良，会使混凝土构件产生膨胀性裂缝

10. 【多选】下列指标中，不属于常用水泥技术指标的有（　　）。  
A. 和易性  B. 可泵性  
C. 体积安定性  D. 保水性  
E. 标准稠度用水量

### 考点 3　混凝土及组成材料的性能与应用【重要】

1. 【单选】混凝土强度等级是按立方体抗压强度标准值来划分的，采用符号C与立方体抗压强度标准值（单位为MPa）表示。C30即表示混凝土立方体抗压强度标准值（　　）。  
A. $20MPa \leqslant f_{cu,k} < 25MPa$  B. $25MPa \leqslant f_{cu,k} < 30MPa$  
C. $30MPa \leqslant f_{cu,k} < 35MPa$  D. $35MPa \leqslant f_{cu,k} < 40MPa$

2. 【单选】影响混凝土强度的原材料方面的因素不包括（　　）。  
A. 水泥强度与水胶比  B. 骨料的种类、质量和数量  
C. 龄期  D. 外加剂和掺合料

3. 【多选】影响混凝土强度的生产工艺方面的因素包括（　　）。  
A. 水泥强度与水胶比  B. 骨料的种类、质量和数量  
C. 龄期  D. 外加剂和掺合料  
E. 养护的温度和湿度

4. 【多选】混凝土的技术性能包括（　　）。  
A. 凝结时间  B. 耐久性  
C. 黏聚性  D. 和易性  
E. 强度

5. 【多选】下列不属于混凝土耐久性指标的有（　　）。  
A. 保水性  B. 抗冻性  
C. 碱骨料反应  D. 黏聚性  
E. 抗渗性

6. 【多选】混凝土拌合物的和易性不包括（　　）。
   A. 保水性
   B. 耐久性
   C. 黏聚性
   D. 流动性
   E. 抗冻性

7. 【单选】下列关于混凝土中掺入减水剂的说法，正确的是（　　）。
   A. 减水的同时适当减少水泥用量，混凝土的安全性能得到显著改善
   B. 减水而不减少水泥时，可提高混凝土的和易性
   C. 减水的同时适当减少水泥用量，则耐久性变差
   D. 混凝土中掺入减水剂，不减少拌合用水量，能显著提高拌合物的流动性

8. 【多选】改善混凝土耐久性的外加剂有（　　）。
   A. 泵送剂
   B. 引气剂
   C. 阻锈剂
   D. 防水剂
   E. 速凝剂

9. 【多选】混凝土缓凝剂主要用于（　　）的施工。
   A. 蒸养混凝土
   B. 高温季节混凝土
   C. 大体积混凝土
   D. 滑模工艺混凝土
   E. 远距离运输的商品混凝土

10. 【多选】下列关于混凝土外加剂的说法，错误的有（　　）。
    A. 远距离运输的商品混凝土可选择早强剂
    B. 高温季节大体积混凝土施工应掺速凝剂
    C. 掺入引气剂可提高混凝土的抗渗性和抗冻性
    D. 早强剂可加速混凝土早期强度增长
    E. 掺入适量减水剂能改善混凝土的耐久性

11. 【多选】下列混凝土掺合料中，属于活性矿物掺合料的有（　　）。
    A. 磨细石英砂
    B. 石灰石
    C. 钢渣粉
    D. 硬矿渣
    E. 粒化高炉矿渣

## 考点 4　砌体材料的性能和应用【重要】

1. 【单选】下列选项中，不属于砂浆组成材料的是（　　）。
   A. 胶凝材料
   B. 细骨料
   C. 粗骨料
   D. 掺合料

2. 【单选】建筑砂浆常用的胶凝材料不包括（　　）。
   A. 石灰
   B. 石膏
   C. 水泥
   D. 粉煤灰

3. 【单选】砂浆强度等级立方体试件的边长为（　　）mm。
   A. 70.7
   B. 150

C. 200　　　　　　　　　　　　D. 300

4.【单选】普通砂浆的稠度越大,说明砂浆的（　　）。
   A. 流动性越小　　　　　　　　B. 粘结力越强
   C. 流动性越大　　　　　　　　D. 保水性越好

5.【单选】砌筑水泥代号为M,强度等级不包括（　　）。
   A. 12.5　　　　　　　　　　　B. 22.5
   C. 30.5　　　　　　　　　　　D. 32.5

6.【多选】影响砌筑砂浆强度的因素包括（　　）。
   A. 组成材料　　　　　　　　　B. 配合比
   C. 组砌方式　　　　　　　　　D. 施工工艺
   E. 砌体材料的吸水率

7.【单选】砌筑砂浆的强度等级可分为七个等级,不包括（　　）。
   A. M2.5　　　　　　　　　　　B. M5
   C. M7.5　　　　　　　　　　　D. M10

8.【单选】下列关于砂浆立方体抗压强度的测定,说法错误的是（　　）。
   A. 以边长为70.7mm的立方体试件,用标准试验方法测得
   B. 立方体试件以6个为一组进行评定
   C. 以3个试件测值的算术平均值作为该组试件的砂浆立方体试件抗压强度平均值
   D. 当3个测值的最大值或最小值中如有1个与中间值的差值超过中间值的15%时,则把最大值及最小值一并舍去,取中间值作为该组试件的抗压强度值

9.【单选】下列选项中,（　　）属于空心砌块。
   A. 空心率小于25%
   B. 无孔洞
   C. 空心率等于15%
   D. 空心率等于25%

10.【多选】下列关于普通混凝土小型砌块的说法,错误的有（　　）。
   A. 主规格尺寸为390mm×190mm×190mm
   B. 孔洞设置在受压面
   C. 只能用于非承重结构
   D. 在气候特别干燥炎热时,砌筑前不允许浇水
   E. 吸水率小（一般为14%以下）,吸水速度慢

11.【单选】与普通混凝土小型空心砌块相比,轻骨料混凝土小型空心砌块具有的特点不包括（　　）。
   A. 密度较小　　　　　　　　　B. 热工性能较好
   C. 干缩值较小　　　　　　　　D. 容易产生裂缝

12.【单选】下列关于蒸压加气混凝土砌块的说法,错误的是（　　）。
   A. 广泛用于一般建筑物墙体
   B. 可用于多层建筑物的承重墙及隔墙

C. 可用于低层建筑的承重墙
D. 体积密度级别低的砌块还用于屋面保温

# 第二节　常用建筑装饰装修和防水、保温材料

■ 知识脉络

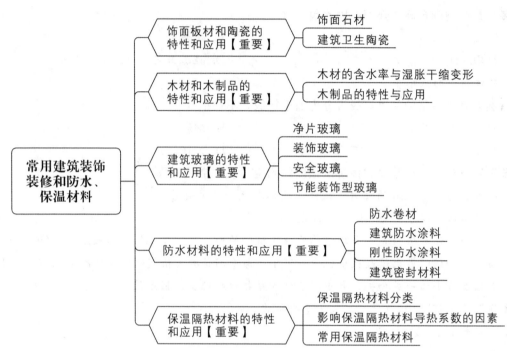

**考点 1　饰面板材和陶瓷的特性和应用【重要】**

1. 【单选】（　　）由于耐酸腐蚀能力较差，除个别品种外，一般只适用于室内。
   A. 花岗石　　　　　　　　　　　B. 大理石
   C. 玄武岩　　　　　　　　　　　D. 辉长岩

2. 【多选】下列关于建筑花岗岩石材特性的说法，错误的有（　　）。
   A. 强度高　　　　　　　　　　　B. 吸水率极低
   C. 碱性石材　　　　　　　　　　D. 耐久性差
   E. 耐磨

3. 【多选】下列关于大理石特性的说法，错误的有（　　）。
   A. 质地较硬　　　　　　　　　　B. 吸水率低
   C. 碱性石材　　　　　　　　　　D. 极硬石材
   E. 耐酸腐蚀能力较好

4. 【单选】天然大理石板材按板材的加工质量和外观质量分为（　　）级。
   A. 一　　　　　　　　　　　　　B. 二
   C. 三　　　　　　　　　　　　　D. 四

5. 【单选】普通型坐便器和节水型坐便器的用水上限分别为（　　）。
   A. 5.0L，6.4L
   B. 6.4L，5.0L
   C. 8.0L，6.4L
   D. 6.4L，8.0L

6. 【单选】蹲便器普通型（单冲式）和节水型的用水上限分别为不大于（　　）。
   A. 6.0L，6.4L
   B. 6.4L，6.0L
   C. 8.0L，6.0L
   D. 6.0L，8.0L

### 考点 2　木材和木制品的特性和应用【重要】

1. 【单选】木材干缩导致的现象不包括（　　）。
   A. 接榫松动
   B. 表面鼓凸
   C. 开裂
   D. 翘曲

2. 【单选】木材的干缩湿胀变形在各个方向上有所不同，变形量从大到小依次是（　　）。
   A. 顺纹、径向、弦向
   B. 径向、顺纹、弦向
   C. 径向、弦向、顺纹
   D. 弦向、径向、顺纹

3. 【单选】下列关于木材的说法中，错误的是（　　）。
   A. 木材的变形在各个方向上不同，顺纹方向最小，径向较大，弦向最大
   B. 平衡含水率是木材物理力学性质是否随含水率而发生变化的转折点
   C. 干缩会使木材翘曲、开裂，接榫松动，拼缝不严；湿胀可造成表面鼓凸
   D. 木材仅当细胞壁内吸附水的含量发生变化时才会引起木材的变形，即湿胀干缩变形

4. 【单选】适用于会议室、办公室、高清洁度实验室，但不宜用于浴室、卫生间等潮湿场所的木地板是（　　）。
   A. 实木复合地板
   B. 浸渍纸层压木质地板
   C. 软木地板
   D. 实木地板

5. 【多选】软木地板按表面涂饰形式不同可分为（　　）。
   A. 未涂饰软木地板
   B. 涂饰软木地板
   C. 油饰软木地板
   D. 家用软木地板
   E. 商用软木地板

6. 【单选】下列选项中，不属于软木地板特点的是（　　）。
   A. 易翘曲
   B. 绝热
   C. 有弹性
   D. 不霉变

### 考点 3　建筑玻璃的特性和应用【重要】

1. 【单选】（　　）mm 的净片玻璃一般直接用于有框门窗的采光。
   A. 1~3
   B. 3~5
   C. 7~10
   D. 8~12

2. 【多选】下列选项中，安全玻璃不包括（　　）。
   A. 净片玻璃
   B. 均质钢化玻璃
   C. 防火玻璃
   D. 夹层玻璃
   E. 镀膜玻璃

3. 【多选】下列选项中,节能装饰型玻璃不包括( )。
   A. 均质钢化玻璃
   B. 夹层玻璃
   C. 防火玻璃
   D. 中空玻璃
   E. 镀膜玻璃

4. 【单选】下列选项中,透明度好,抗冲击性能高,可制成抗冲击性极高的安全玻璃,玻璃破碎不会散落伤人的玻璃是( )。
   A. 彩色平板玻璃
   B. 釉面玻璃
   C. 压花玻璃
   D. 夹层玻璃

5. 【单选】高层建筑的门窗、天窗可采用( )。
   A. 浮法玻璃
   B. 吸热玻璃
   C. 夹层玻璃
   D. 热反射玻璃

6. 【单选】下列关于着色玻璃特性的说法,错误的是( )。
   A. 可以有效吸收太阳的辐射热
   B. 一般多用作建筑物的门窗或玻璃幕墙
   C. 能保持良好的透明度
   D. 可产生明显的"暖房效应"

7. 【多选】低辐射膜玻璃不能单独使用,往往与( )等配合,制成高性能的中空玻璃。
   A. 净片玻璃
   B. 钢化玻璃
   C. 彩釉玻璃
   D. 夹层玻璃
   E. 浮法玻璃

### 考点 4 防水材料的特性和应用【重要】

1. 【单选】下列选项中,不属于SBS、APP改性沥青防水卷材特点的是( )。
   A. 不透水性能强
   B. 耐高低温性能好
   C. 延伸率大
   D. 优异的抗穿刺性能

2. 【单选】下列防水卷材中,具有强度高、延伸性强,自愈性好,施工简便、安全性高等特点的是( )。
   A. TPO防水卷材
   B. SBS、APP改性沥青防水卷材
   C. 自粘复合防水卷材
   D. 聚乙烯丙纶(涤纶)防水卷材

3. 【单选】下列关于水泥基渗透结晶型防水涂料特点的说法,错误的是( )。
   A. 节省人工
   B. 具有独特的保护钢筋能力
   C. 是一种柔性防水材料
   D. 具有防腐特性

4. 【单选】下列防水材料中,不属于刚性防水材料的是( )。
   A. 水泥基渗透结晶型防水涂料
   B. 聚氨酯防水涂料
   C. 防水混凝土
   D. 防水砂浆

5. 【单选】下列不属于常用的建筑密封材料的是( )。
   A. 硅酮
   B. 聚丙烯

C. 丙烯酸酯　　　　　　　　　　D. 聚氨酯

## 考点 5　保温隔热材料的特性和应用【重要】

1. 【单选】影响保温材料导热系数的因素不包括（　　）。
   A. 材料的性质　　　　　　　　B. 质量
   C. 热流方向　　　　　　　　　D. 湿度

2. 【单选】聚氨酯泡沫塑料的主要性能特点不包括（　　）。
   A. 绝热性　　　　　　　　　　B. 防水性能优异
   C. 防火性能好　　　　　　　　D. 耐化学腐蚀性好

3. 【单选】不属于改性酚醛泡沫塑料的特点的是（　　）。
   A. 抗老化性　　　　　　　　　B. 绝热性
   C. 吸声性能　　　　　　　　　D. 防水性能优异

4. 【单选】不属于聚苯乙烯泡沫塑料的特点的是（　　）。
   A. 耐低温性能强　　　　　　　B. 重量轻
   C. 抗老化性　　　　　　　　　D. 隔热性能好

5. 【多选】下列关于岩棉、矿渣棉制品的说法，正确的有（　　）。
   A. 优良的绝热性　　　　　　　B. 燃烧性能为难燃材料
   C. 较好的耐低温性　　　　　　D. 吸声
   E. 对金属有腐蚀性

# 第三章 建筑工程施工技术

## 第一节 施工测量放线

**知识脉络**

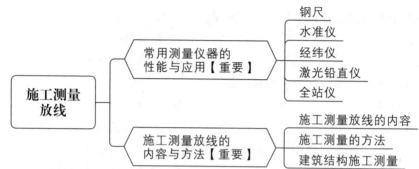

**考点 1 常用测量仪器的性能与应用【重要】**

1. 【单选】目前楼层测量放线最常用的距离测量方法是（ ）量距。
   A. 全站仪  B. 水准仪
   C. 钢尺    D. 经纬仪

2. 【单选】钢尺的距离丈量结果中应加入的改正数中不包括（ ）。
   A. 尺长  B. 温度  C. 倾斜  D. 钢尺品牌

3. 【多选】钢尺是采用经过一定处理的优质钢制成的带状尺，长度通常有（ ）等几种。
   A. 30m   B. 15m
   C. 50m   D. 20m
   E. 25m

4. 【多选】水准仪主要由（ ）三部分组成。
   A. 望远镜   B. 水准器
   C. 基座     D. 三脚架
   E. 水平度盘

5. 【多选】经纬仪主要由（ ）三部分组成。
   A. 三脚架   B. 望远镜
   C. 照准部   D. 基座
   E. 水平度盘

6. 【单选】（ ）型经纬仪进行普通等级测量。
   A. DJ07  B. DJ1  C. DJ2  D. DJ6

7. 【单选】经纬仪的主要功能是测量（ ）。
   A. 距离  B. 角度  C. 高差  D. 高程

8. 【单选】激光铅直仪的主要功能是（ ）。
   A. 测高差　　　　　　B. 测角度　　　　　　C. 测坐标　　　　　　D. 点位竖向传递
9. 【单选】（ ）可以几乎在同一时间测得平距、高差、点的坐标和高程。
   A. 经纬仪　　　　　　　　　　　　　　　B. 全站仪
   C. 水准仪　　　　　　　　　　　　　　　D. 激光铅直仪
10. 【多选】全站仪又称全站型电子速测仪，主要由（ ）组成。
    A. 电子经纬仪　　　　　　　　　　　　　B. 电子水准仪
    C. 电子记录装置　　　　　　　　　　　　D. 电子测距仪
    E. 传输接口

### 考点 2　施工测量放线的内容与方法【重要】

1. 【单选】一般建筑工程，通常先布设（ ），然后以此为基础，测设建筑物的主轴线。
   A. 市区控制网　　　　B. 高程控制网　　　　C. 施工控制网　　　　D. 轴线控制网
2. 【多选】下列选项中，属于施工测量现场主要工作的有（ ）。
   A. 建筑物细部点平面位置的测设　　　　　B. 已知长度的测设
   C. 倾斜线的测设　　　　　　　　　　　　D. 城市水准点的测设
   E. 建筑物细部点高程位置的测设
3. 【单选】关于建筑物细部点平面位置的测设，说法错误的是（ ）。
   A. 当建筑场地的施工控制网为方格网或轴线形式时，采用直角坐标法放线最为方便
   B. 直角坐标法适用于测设点靠近控制点，便于量距的地方
   C. 角度前方交会法适用于不便量距或测设点远离控制点的地方
   D. 从控制点到测设点的距离，若不超过测矩尺的长度时，可用距离交会法来测定
4. 【单选】某点 P（高程±0.000）的设计高程 $H_P=81.500\text{m}$，附近一水准点 A 的高程为 $H_A=81.345\text{m}$，在水准点 A 和 P 点木桩之间安置水准仪（见下图），后视立于水准点 A 上的水准尺，读中线读数 $a$ 为 1.458m，则水准仪前视 P 点木桩水准尺的读数 $b$ 为（ ）m。

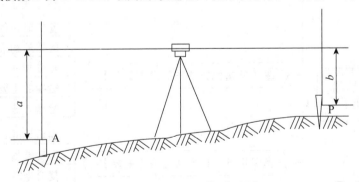

   A. 1.203　　　　　　　B. 1.613　　　　　　　C. 1.303　　　　　　　D. 1.403
5. 【单选】某高程测量，已知 A 点高程为 $H_A$，欲测得 B 点高程 $H_B$，安置水准仪于 A、B 之间，后视读数为 $b$，前视读数为 $a$，则 B 点高程 $H_B$ 为（ ）。
   A. $H_B=H_A-a-b$　　　　　　　　　　　B. $H_B=H_A+a+b$
   C. $H_B=H_A+a-b$　　　　　　　　　　　D. $H_B=H_A+b-a$
6. 【单选】对某一施工现场进行高程测设，M 点为水准点，已知高程为 12.000m。N 点为待

测点,安置水准仪于 M、N 之间,先在 M 点立尺,读得后视读数为 4.500m,然后在 N 点立尺,读得前视读数为 3.500m,则 N 点高程为(    )m。

A. 12.000　　　　B. 12.500　　　　C. 13.000　　　　D. 13.500

7.【多选】结构施工期间测量的主要工作内容有(    )。

A. 轴线基准点设置
B. 施工楼层放线与抄平
C. 轴线投测
D. 标高传递
E. 测量人员培训

8.【单选】标高的竖向传递,宜采用钢尺从首层起始标高线垂直量取,规模较小的工业建筑或多层民用建筑宜从(    )处分别向上传递。

A. 2　　　　B. 3　　　　C. 4　　　　D. 5

9.【单选】轴线竖向投测前,应检测基准点,确保其位置正确,每层投测的允许偏差应在(    )以内,并逐层纠偏。

A. 2mm　　　　B. 3mm　　　　C. 4mm　　　　D. 5mm

## 第二节　地基与基础工程施工

### 知识脉络

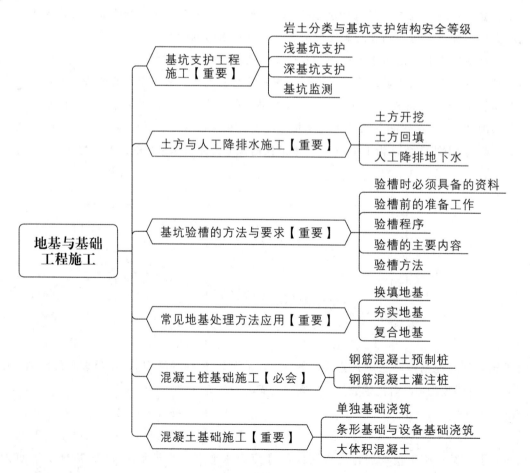

## 考点 1　基坑支护工程施工【重要】

1. 【单选】基坑支护结构安全等级为一级时其重要性系数为（　　）。
   A. 1.20　　　　　　　　　　　　B. 1.10
   C. 1.00　　　　　　　　　　　　D. 0.90

2. 【多选】以下支护形式适用于浅基坑支护的有（　　）。
   A. 锚拉支撑　　　　　　　　　　B. 型钢桩横挡板支撑
   C. 临时挡土墙支撑　　　　　　　D. 水泥土重力式围护墙
   E. 土钉墙

3. 【多选】适用于基坑侧壁安全等级为一级、二级、三级的基坑支护形式有（　　）。
   A. 灌注桩排桩支护　　　　　　　B. 地下连续墙支护
   C. 土钉墙　　　　　　　　　　　D. 内支撑
   E. 锚杆（索）

## 考点 2　土方与人工降排水施工【重要】

1. 【单选】土方工程施工前，应采取有效的地下水控制措施。基坑内地下水位应降至拟开挖下层土方的底面以下不小于（　　）m。
   A. 0.3　　　　　　　　　　　　B. 0.4
   C. 0.5　　　　　　　　　　　　D. 0.6

2. 【单选】有支护土方工程可采用的挖土方法不包括（　　）。
   A. 墩式挖土　　　　　　　　　　B. 放坡挖土
   C. 盆式挖土　　　　　　　　　　D. 逆作法挖土

3. 【单选】采用（　　）方法时，周边预留的土坡对围护结构有支撑作用，有利于减少围护结构的变形。
   A. 墩式挖土　　　　　　　　　　B. 放坡挖土
   C. 盆式挖土　　　　　　　　　　D. 逆作法挖土

4. 【单选】当地质条件和场地条件许可时，开挖深度不大的基坑最可取的开挖方案是（　　）。
   A. 放坡挖土　　　　　　　　　　B. 中心岛式（墩式）挖土
   C. 盆式挖土　　　　　　　　　　D. 逆作法挖土

5. 【多选】下列可采用放坡开挖的情形有（　　）。
   A. 经验算能确保边坡的稳定性
   B. 基坑开挖深度不大
   C. 周围环境允许
   D. 经验判断能确保边坡的稳定性
   E. 基坑开挖深度较大

6. 【单选】以下不能用作填方土料的是（　　）。
   A. 碎石土　　　　　　　　　　　B. 含水量符合压实要求的黏性土
   C. 淤泥质土　　　　　　　　　　D. 砂土

7. 【单选】采用平碾压实土方时，每层虚铺厚度为（　　）mm，每层压实遍数为（　　）遍。
   A. 200～250，3～4　　　　　　　B. 200～250，6～8

C. 250～300，3～4　　　　　　　　D. 250～300，6～8

8. 【多选】下列关于土方的填筑与压实，说法正确的有（　　）。
   A. 填土应从场地最低处开始，由下而上整个宽度分层铺填
   B. 填方应尽量采用同类土填筑
   C. 填方应在相对两侧或周围同时进行回填和夯实
   D. 填方的边坡坡度应根据填方高度、土的种类和其重要性确定
   E. 当填方高度大于10m时，临时性填方边坡坡度下部可采用1∶1.5

9. 【单选】在软土地区基坑开挖深度超出（　　）m时，一般可采用井点降水。
   A. 3　　　　　　　　　　　　　　B. 4
   C. 5　　　　　　　　　　　　　　D. 8

10. 【单选】排水明沟宜布置在拟建建筑基础边（　　）m以外，沟边缘离开边坡坡脚应不小于（　　）m。
    A. 0.3，0.4　　　　　　　　　　　B. 0.4，0.5
    C. 0.5，0.6　　　　　　　　　　　D. 0.6，0.7

11. 【单选】采用回灌井点时，回灌井点与降水井点的距离不宜小于（　　）m。
    A. 6　　　　　　　　　　　　　　B. 7
    C. 8　　　　　　　　　　　　　　D. 10

12. 【多选】为防止或减少降水对周围环境的影响，避免产生过大的地面沉降，可采取的技术措施有（　　）。
    A. 采用回灌技术　　　　　　　　　B. 采用砂沟、砂井回灌
    C. 减缓降水速度　　　　　　　　　D. 明沟排水
    E. 集水井排水

## 考点 3　基坑验槽的方法与要求【重要】

1. 【多选】在进行基坑验槽时，（　　）单位有关人员必须参加验收。
   A. 勘察　　　　　　　　　　　　　B. 监理
   C. 施工　　　　　　　　　　　　　D. 设计
   E. 防水分包

2. 【多选】基坑验槽由（　　）组织建设、监理、勘察、设计及施工单位的项目负责人、技术质量负责人，共同按设计要求和有关规定进行。
   A. 设计单位负责人
   B. 总监理工程师
   C. 施工单位负责人
   D. 建设单位项目负责人
   E. 勘察单位负责人

3. 【单选】基槽底采用钎探时，钢钎每贯入（　　）cm，记录一次锤击数。
   A. 20　　　　　　　　　　　　　　B. 25
   C. 30　　　　　　　　　　　　　　D. 35

4. 【单选】地基验槽时应重点观察（　　）。
   A. 柱基、墙角、承重墙下
   B. 槽壁、槽底的土质情况
   C. 基槽开挖深度
   D. 槽底土质结构是否被人为破坏

5. 【单选】地基验槽通常采用观察法，对于基底以下的土层不可见部位，通常采用（　　）法。
   A. 局部开挖　　　　　　　　　　B. 钎探
   C. 钻孔　　　　　　　　　　　　D. 超声波检测

6. 【多选】验槽时，需进行轻型动力触探的情况有（　　）。
   A. 持力层明显不均匀
   B. 局部有软弱下卧层
   C. 基槽底面有积水
   D. 基槽底面存在高低差
   E. 有浅埋的坑穴、古墓、古井等

### 考点 4　常见地基处理方法应用【重要】

1. 【单选】换填地基的换填厚度由设计确定，一般宜为（　　）m。
   A. 0.5～1.5　　　　　　　　　　B. 0.5～2
   C. 0.5～2.5　　　　　　　　　　D. 0.5～3

2. 【单选】换填材料为灰土、粉煤灰时，压实系数最小应为（　　）。
   A. 0.95　　　　　　　　　　　　B. 0.96
   C. 0.97　　　　　　　　　　　　D. 0.98

3. 【单选】施工前，应在施工现场有代表性的场地上选取一个或几个试验区，进行试夯或试验性施工。每个试验区面积不宜小于（　　）。
   A. 10m×10m　　　　　　　　　　B. 15m×15m
   C. 20m×20m　　　　　　　　　　D. 25m×25m

### 考点 5　混凝土桩基础施工【必会】

1. 【多选】钢筋混凝土预制桩打（沉）桩施工方法通常有（　　）。
   A. 锤击沉桩法　　　　　　　　　B. 静力压桩法
   C. 振动法　　　　　　　　　　　D. 钻孔法
   E. 人工挖孔法

2. 【单选】泥浆护壁钻孔灌注桩施工工艺流程中，第二次清孔的下一道工序是（　　）。
   A. 下钢筋笼
   B. 下钢导管
   C. 质量验收
   D. 水下浇筑混凝土

3. 【单选】钢筋混凝土预制桩采用静力压桩法施工时，其施工工序包括：①打桩机就位；②测量定位；③吊桩、插桩；④桩身对中调直；⑤静压沉桩。一般的施工程序为（　　）。
A. ①②③④⑤
B. ②①③④⑤
C. ①②③⑤④
D. ②①③⑤④

### 考点 6 　混凝土基础施工【重要】

1. 【单选】混凝土基础主要形式不包括（　　）。
   A. 条形基础
   B. 单独基础
   C. 筏形基础
   D. 球形基础

2. 【单选】条形基础浇筑各段层间应相互衔接，每段间浇筑长度控制在（　　）m 距离，做到逐段逐层呈阶梯形向前推进。
   A. 2～3
   B. 20～30
   C. 3～5
   D. 30～50

3. 【单选】下列关于混凝土条形基础施工的说法，不正确的是（　　）。
   A. 宜分段分层连续浇筑
   B. 一般不留施工缝
   C. 各段层间应在终凝前相互衔接
   D. 每段间浇筑长度控制在 2000～3000mm

4. 【单选】设备基础一般应（　　）浇筑，每层混凝土的厚度为（　　）mm。
   A. 分层，200～300
   B. 分层，300～500
   C. 分段分层，200～300
   D. 分段分层，300～500

5. 【多选】下列施工措施中，有利于大体积混凝土裂缝控制的有（　　）。
   A. 预埋冷却水管
   B. 增大水胶比
   C. 适当使用缓凝减水剂
   D. 设置后浇缝
   E. 增加混凝土内外温差

6. 【单选】保温覆盖层的拆除应分层逐步进行，当混凝土的表面温度与环境最大温差小于（　　）℃时，可全部拆除。
   A. 15
   B. 20
   C. 25
   D. 30

7. 【单选】大体积混凝土浇筑完毕后，在终凝前加以覆盖和浇水进行保温保湿养护。采用普通硅酸盐水泥拌制的混凝土养护时间不得少于（　　）d。
   A. 7
   B. 14
   C. 28
   D. 30

8. 【单选】下列选项中，不符合大体积混凝土施工温控指标规定的是（　　）。
   A. 混凝土浇筑体在入模温度基础上的温升值不宜大于 50℃
   B. 混凝土浇筑体里表温差（不含混凝土收缩当量温度）不宜大于 25℃

C. 混凝土浇筑体降温速率不宜大于 3.0℃/d

D. 混凝土浇筑体表面与大气温差不应大于 20℃

# 第三节　主体结构工程施工

■ 知识脉络

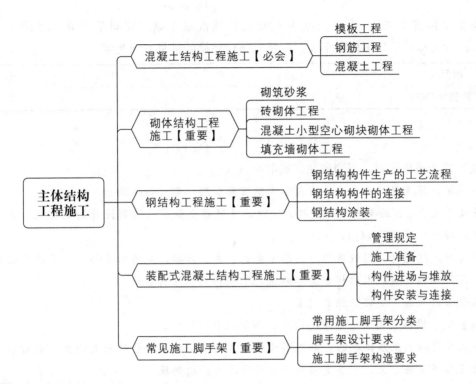

考点 1　混凝土结构工程施工【必会】

1. 【多选】模板工程设计的安全性指标包括（　　）。

   A. 强度  B. 刚度
   C. 平整度  D. 稳定性
   E. 实用性

2. 【单选】模板工程设计的主要原则不包括（　　）。

   A. 实用性  B. 耐久性
   C. 安全性  D. 经济性

3. 【多选】下列关于大模板体系的说法，正确的有（　　）。

   A. 模板整体性好、抗震性强、无拼缝
   B. 模板重量大，移动安装需起重机械吊运
   C. 较适用于外形复杂或异形混凝土构件
   D. 可早拆，加快周转，节约成本
   E. 制作量大，木材资源浪费大

4. 【多选】模板及其支架在设计时应考虑的主要因素不包括（　　）。
   A. 承载能力　　　　　　　　　　　　B. 刚度
   C. 稳定性　　　　　　　　　　　　　D. 强度
   E. 宽度

5. 【单选】某钢筋混凝土现浇板跨度为9m，设计无要求时，其起拱高度宜为（　　）cm。
   A. 0.3　　　　　　　　　　　　　　B. 0.5
   C. 1.5　　　　　　　　　　　　　　D. 2.8

6. 【单选】某跨度为6m、设计强度为C30的钢筋混凝土梁，其同条件养护试件（边长为150mm立方体）抗压强度见下表，可拆除该梁底模的最早时间是第（　　）d。

   | 时间/d | 7 | 9 | 11 | 13 |
   |---|---|---|---|---|
   | 试件强度/MPa | 16.5 | 20.8 | 23.1 | 25 |

   A. 7　　　　　　　　　　　　　　　B. 9
   C. 11　　　　　　　　　　　　　　 D. 13

7. 【多选】关于模板工程，下列说法正确的有（　　）。
   A. 当混凝土强度保证其表面、棱角不因拆模而受损，即可拆除侧模
   B. 跨度不大于8m的梁底模及支架拆除时，其混凝土强度应达到设计的混凝土立方体抗压强度标准值的75%以上
   C. 当设计无规定时，模板拆除一般后支先拆、先支后拆，先拆承重部分，再拆非承重部分
   D. 在浇筑混凝土前，木模板应浇水润湿，但模板内不应有积水
   E. 后浇带的模板及支架应独立设置

8. 【多选】关于模板安装质量要求的说法，正确的有（　　）。
   A. 安装现浇结构上层楼板时，如下层楼板不具有承受上层荷载的承载能力，则应在下层楼板下加设支架，上、下层支架的立柱应对准并铺设垫板
   B. 模板与混凝土接触面应清理干净并涂刷隔离剂
   C. 在混凝土浇筑前，钢模板应浇水润湿，但模板内不应有大量积水
   D. 在涂刷隔离剂时，不得污染钢筋和混凝土接槎处
   E. 木模板不得周转，以保证混凝土外观效果

9. 【多选】关于各种钢筋下料长度计算的说法，正确的有（　　）。
   A. 直钢筋下料长度＝构件长度－保护层厚度＋弯钩增加长度
   B. 弯起钢筋下料长度＝直段长度＋斜段长度＋弯曲调整值＋弯钩增加长度
   C. 钢筋下料应根据构件净尺寸计算
   D. 箍筋下料长度＝箍筋周长－箍筋调整值
   E. 弯折后钢筋各段的长度总和并不等于其在直线状态下的长度，所以要对钢筋剪切下料长度加以计算

10. 【单选】在钢筋的连接中，当受拉钢筋直径大于25mm，受压钢筋直径大于28mm时，不宜采用（　　）接头。
    A. 钢筋套筒挤压连接　　　　　　　B. 钢筋直螺纹套筒连接
    C. 焊接连接　　　　　　　　　　　D. 绑扎搭接

11. 【多选】关于钢筋工程，下列说法正确的有（　　）。
    A. 钢筋冷拉或调直过程中不可同步进行除锈工作
    B. 钢筋接头位置宜设置在受力较小处
    C. 当受压钢筋直径大于25mm时，不宜采用绑扎搭接接头
    D. 钢筋加工宜在常温状态下进行
    E. 钢筋弯曲应一次完成，不得反复弯折

12. 【单选】关于钢筋加工的说法，正确的是（　　）。
    A. 不得采用冷拉调直
    B. 不得采用喷砂除锈
    C. 不得反复弯折
    D. 不得采用手动液压切断下料

13. 【单选】关于钢筋加工的说法，正确的是（　　）。
    A. 钢筋冷拉调直时，不能同时进行除锈
    B. HRB400级钢筋采用冷拉调直时，冷拉率不宜大于4%
    C. 钢筋的切断口可以有马蹄形现象
    D. 钢筋加工宜在常温状态下进行，加工过程中不应加热钢筋

14. 【单选】当无圈梁和梁垫时，板、次梁与主梁交叉处，其钢筋的绑扎位置正确的是（　　）。
    A. 主梁筋在上，次梁筋居中，板筋在下
    B. 主梁筋居中，次梁筋在下，板筋在上
    C. 主梁筋在下，次梁筋在上，板筋居中
    D. 主梁筋在下，次梁筋居中，板筋在上

15. 【多选】关于钢筋安装的说法中，正确的有（　　）。
    A. 框架梁钢筋一般应安装在柱纵向钢筋外侧
    B. 柱箍筋转角与纵向钢筋交叉点均应扎牢
    C. 在保证受力钢筋不移位的前提下，楼板的钢筋中间部分交叉点可以相隔交叉绑扎
    D. 现浇悬挑板上部负筋被踩下可以不修理
    E. 主次梁交叉处主梁钢筋通常在下

16. 【多选】关于泵送混凝土配合比的设计要求，说法正确的有（　　）。
    A. 泵送混凝土的入泵坍落度不宜高于100mm
    B. 用水量与胶凝材料总量之比不宜大于0.6
    C. 泵送混凝土的胶凝材料总量不宜小于260kg/m³
    D. 泵送混凝土搅拌时，应按规定顺序进行投料，且粉煤灰宜与水泥同步
    E. 混凝土泵或泵车设置处，应场地平整、坚实，具有重车行走条件

17. 【单选】关于混凝土的搅拌与运输，说法错误的是（　　）。
    A. 确保混凝土在初凝前运至现场，在终凝前浇筑完毕
    B. 卸料前，宜快速旋转搅拌20s以上后再卸料
    C. 当坍落度损失较大不能满足施工要求时，可在运输车罐内加入适量的与原配合比相同成分的减水剂
    D. 混凝土在运输中不应发生分层、离析现象

18. 【单选】采用泵送混凝土施工时，混凝土粗骨料最大粒径不大于 25mm 时，可采用内径不小于（    ）mm 的输送泵管。
    A. 110　　　　　　　　　　　　　　　　B. 115
    C. 120　　　　　　　　　　　　　　　　D. 125

19. 【多选】关于混凝土施工缝的留置位置，说法正确的有（    ）。
    A. 柱的施工缝留设在基础的顶面
    B. 单向板的施工缝留设在平行于板的长边的任何位置
    C. 有主次梁的楼板，施工缝留设在主梁跨中 1/3 范围内
    D. 墙的垂直施工缝留置在门洞口过梁跨中 1/3 范围内
    E. 墙的垂直施工缝留置在纵横墙的交接处

20. 【单选】关于后浇带施工的做法，正确的是（    ）。
    A. 浇筑与原结构相同等级的混凝土
    B. 浇筑比原结构提高一等级的微膨胀混凝土
    C. 接槎部位未剔凿直接浇筑混凝土
    D. 后浇带模板支撑重新搭设后浇筑混凝土

## 考点 2　砌体结构工程施工【重要】

1. 【单选】下列可以留设脚手眼的是（    ）。
    A. 过梁净跨度 1/2 的高度范围内
    B. 宽度大于 1m 的窗间墙
    C. 门窗洞口两侧砖砌体 200mm 范围内
    D. 梁或梁垫下及其左右 500mm 范围内

2. 【单选】现场拌制的砂浆当施工期间最高气温超过 30℃时，应在（    ）内使用完毕。
    A. 45min　　　　　　　　　　　　　　　B. 1h
    C. 2h　　　　　　　　　　　　　　　　D. 3h

3. 【单选】砖过梁底部的模板及其支架拆除时，灰缝砂浆强度不应低于设计强度的（    ）。
    A. 50%　　　　　　　　　　　　　　　　B. 75%
    C. 80%　　　　　　　　　　　　　　　　D. 100%

4. 【单选】关于砌筑砂浆的说法，错误的是（    ）。
    A. 砌筑砂浆的稠度通常为 30～90mm
    B. 砌筑材料为粗糙多孔且吸水较大的块料或在干热条件下砌筑时，应选用较大稠度值的砂浆
    C. 砌筑材料为粗糙多孔且吸水较大的块料或在干热条件下砌筑时，应选用较小稠度值的砂浆
    D. 砌筑砂浆的分层度不得大于 30mm，确保砂浆具有良好的保水性

5. 【单选】关于混凝土小型空心砌块砌体工程的说法，错误的是（    ）。
    A. 分为普通混凝土小型空心砌块和轻骨料混凝土小型空心砌块
    B. 对轻骨料混凝土小砌块，宜提前 1～2d 浇水湿润
    C. 构造柱先砌砖墙再绑扎钢筋
    D. 普通混凝土小型空心砌块砌体，砌筑前不需对小砌块浇水湿润

6. 【单选】关于砌体工程施工的做法，正确的是（    ）。
   A. 宽度为350mm的洞口上部未设置过梁
   B. 不同品种的水泥混合使用，拌制砂浆
   C. 混凝土小型空心砌块底面朝下砌于墙上
   D. 砌筑填充墙时，蒸压加气混凝土砌块的产品龄期不应小于28d

7. 【单选】关于砌体结构施工的说法，正确的是（    ）。
   A. 在干热条件砌筑时，应选用较小稠度值的砂浆
   B. 机械搅拌砂浆时，搅拌时间自开始投料时算起
   C. 砖柱不得采用包心砌法砌筑
   D. 先砌砖墙，后绑构造柱钢筋，最后浇筑混凝土

8. 【多选】关于砌筑砂浆的说法，正确的有（    ）。
   A. 砂浆应采用机械搅拌
   B. 水泥粉煤灰砂浆搅拌时间不得少于180s
   C. 留置试块为边长7.07cm的正方体
   D. 每一检验批且不超过250m³砌体的各类、各强度等级的普通砌筑砂浆，每台搅拌机应至少抽检一次
   E. 六个试件为一组

9. 【多选】关于普通混凝土小砌块的施工做法，正确的有（    ）。
   A. 在施工前先浇水湿透
   B. 清除表面污物
   C. 底面朝下正砌于墙上
   D. 底面朝上反砌于墙上
   E. 施工采用的小砌块的产品龄期不应小于28d

10. 【多选】关于填充墙砌体工程的说法，正确的有（    ）。
    A. 蒸压加气混凝土砌块应提前1~2d浇水湿透
    B. 蒸压加气混凝土砌块的含水率宜小于30%
    C. 蒸压加气混凝土砌块墙体下部可现浇混凝土坎台，高度宜为150mm
    D. 蒸压加气混凝土砌块堆置高度不宜超过2m，并应防止雨淋
    E. 轻骨料混凝土小型空心砌块搭砌长度不应小于砌块长度的1/3

11. 【多选】蒸压加气混凝土砌块墙如无切实有效措施，不得使用于（    ）。
    A. 建筑物防潮层以上墙体
    B. 长期浸水或化学侵蚀环境
    C. 砌块表面温度高于80℃的部位
    D. 抗震设防烈度8度地区的内隔墙
    E. 长期处于有振动源环境的墙体

12. 【多选】关于各种砌体砌筑形式，说法正确的有（    ）。
    A. 多孔砖的孔洞应垂直于受压面砌筑
    B. 半盲孔多孔砖应侧立砌筑，孔洞应呈水平方向

C. 混凝土小型空心砌块将生产时的底面朝上反砌于墙上

D. 烧结空心砖应侧立砌筑，孔洞应呈水平方向

E. 蒸压加气混凝土砌块填充墙砌筑时应对缝搭砌

### 考点 3　钢结构工程施工【重要】

1.【多选】下列连接方式中，属于钢结构常用连接方法的有（　　）。
   A. 焊接连接
   B. 机械连接
   C. 铆钉连接
   D. 螺栓连接
   E. 绑扎连接

2.【单选】建筑工程中，普通螺栓连接钢结构时，其紧固次序应为（　　）。
   A. 从中间开始，对称向两边进行
   B. 从两边开始，对称向中间进行
   C. 从一边开始，依次向另一边进行
   D. 任意位置开始，无序进行

3.【多选】关于高强度螺栓连接施工的说法，错误的有（　　）。
   A. 摩擦连接是高强度螺栓广泛采用的基本连接形式
   B. 把高强螺栓作为临时螺栓使用
   C. 高强度螺栓的安装可采用自由穿入和强行穿入两种
   D. 若螺栓不能自由穿入时，可采用铰刀修整螺栓孔
   E. 高强螺栓不能作为临时螺栓使用

4.【多选】钢结构防火涂料按涂层厚度可分为（　　）等类型。
   A. CB 类
   B. B 类
   C. F 类
   D. G 类
   E. H 类

### 考点 4　装配式混凝土结构工程施工【重要】

1.【多选】装配式混凝土建筑构件生产宜采用（　　），应按有关规定进行评审、备案。
   A. 自动化
   B. 机械化
   C. 新设备
   D. 新工艺
   E. 新材料

2.【多选】装配式混凝土建筑施工前，应组织（　　）等单位对设计文件进行图纸会审，确定施工工艺措施。
   A. 设计
   B. 生产
   C. 施工
   D. 监理
   E. 勘察

3.【多选】装配式混凝土结构安装前，吊装设备应满足（　　）等施工要求。
   A. 吊装重量
   B. 构件尺寸
   C. 构件形状
   D. 调试合格
   E. 作业半径

4. 【单选】预制构件进场前,混凝土强度应符合设计要求。当设计无具体要求时,混凝土同条件立方体抗压强度不应小于混凝土强度等级值的(　　)%。
   A. 70
   B. 75
   C. 80
   D. 85

5. 【多选】预制构件运送到施工现场后,应按(　　)分类设置存放场地。
   A. 规格
   B. 品种
   C. 使用部位
   D. 吊装顺序
   E. 强度等级

6. 【单选】装配式预制构件间钢筋连接可采用钢筋套筒灌浆连接形式时,灌浆后(　　)h内不得使构件与灌浆层受到振动、碰撞。
   A. 6
   B. 12
   C. 24
   D. 48

7. 【单选】灌浆料需做试件的标准养护时间是(　　)d。
   A. 7
   B. 14
   C. 21
   D. 28

8. 【单选】灌浆施工时,其环境温度不应低于(　　)℃。
   A. 0
   B. 4
   C. 5
   D. 10

9. 【多选】预制构件间钢筋连接宜采用的方法有(　　)。
   A. 套筒灌浆连接
   B. 浆锚搭接连接
   C. 直螺纹套筒连接
   D. 电渣压力焊连接
   E. 挤压连接

10. 【多选】预制柱安装要求正确的有(　　)。
    A. 按照角柱、边柱、中柱顺序进行安装
    B. 按照边柱、角柱、中柱顺序进行安装
    C. 按照中柱、边柱、角柱顺序进行安装
    D. 与现浇部分连接的柱应后安装
    E. 与现浇部分连接的柱宜先安装

11. 【单选】装配式梁安装顺序应遵循(　　)的原则。
    A. 先主梁后次梁,先低后高
    B. 先次梁后主梁,先低后高
    C. 先主梁后次梁,先高后低
    D. 先次梁后主梁,先高后低

12. 【单选】在吊装过程中,吊索与构件的水平夹角不宜小于(　　),不应小于(　　)。
    A. 45°,30°
    B. 60°,45°
    C. 70°,85°
    D. 50°,65°

13. 【单选】预制叠合板吊装工艺流程的主要工作有:①测量放线;②摘钩;③支撑架体调节;④支撑架体搭设;⑤叠合板起吊与落位;⑥叠合板位置、标高确认。正确的吊装顺序是(　　)。
    A. ①②③④⑤⑥
    B. ①③⑤⑥④②

C. ①④③⑤⑥②            D. ①④③②⑤⑥

### 考点 5 常见施工脚手架【重要】

1. 【单选】关于支撑脚手架的说法，正确的是（　　）。
   A. 支撑脚手架独立架体高宽比不应大于 5.0
   B. 每道竖向剪刀撑的宽度应为 4～6m
   C. 剪刀撑斜杆的倾角应在 30°～45°之间
   D. 剪刀撑的设置应均匀、对称

2. 【单选】模板支撑脚手架可调底座和可调托撑调节螺杆插入脚手架立杆内的长度不应小于（　　）mm。
   A. 80                                                     B. 100
   C. 120                                           D. 150

3. 【多选】脚手架根据（　　）采用不同的安全等级。
   A. 脚手架种类
   B. 脚手架材质
   C. 脚手架搭设高度
   D. 脚手架荷载
   E. 建筑结构形式

## 第四节　屋面、防水与保温工程施工

**知识脉络**

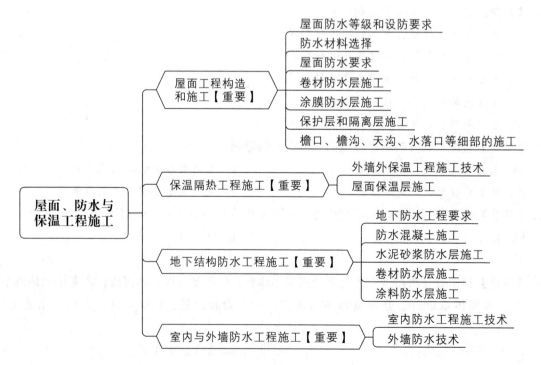

## 考点 1　屋面工程构造和施工【重要】

1. 【单选】某建筑屋面的防水设防要求为不应少于两道防水设防,其防水等级为(　　)。
   A. 一级　　　　　　　　　　　　B. 二级
   C. 三级　　　　　　　　　　　　D. 四级

2. 【单选】关于屋面防水工程施工技术,说法正确的是(　　)。
   A. 保温层上的找平层应在水泥终凝前压实抹平
   B. 混凝土结构层宜采用结构找坡,坡度不应小于2%
   C. 当采用材料找坡时,找坡层最薄处厚度不宜小于20mm
   D. 保温层上的找平层纵横缝的间距不宜小于6m

3. 【单选】关于屋面防水工程施工技术,说法错误的是(　　)。
   A. 卷材宜垂直屋脊铺贴,上下层卷材不得相互垂直铺贴
   B. 卷材防水层施工时由屋面最低标高向上铺设
   C. 同一层相邻两幅卷材短边搭接缝错开不应小于500mm
   D. 上下层卷材长边搭接缝应错开,且不应小于幅宽的1/3

4. 【单选】下列关于屋面防水工程的说法,正确的是(　　)。
   A. 涂膜施工应先做好大面积涂布,再进行细部处理
   B. 天沟防水层下附加层伸入屋面的宽度不应小于250mm
   C. 卷材防水层周边600mm范围内应满粘
   D. 厚度小于3mm的高聚物改性沥青防水卷材,应采用热熔法施工

5. 【多选】关于卷材防水层搭接缝的做法,正确的有(　　)。
   A. 平行屋脊的搭接缝顺流水方向搭接
   B. 上下层卷材接缝对齐
   C. 留设于天沟侧面
   D. 留设于天沟底部
   E. 搭接缝口用密封材料封严

6. 【多选】关于屋面涂膜防水层施工的说法,正确的有(　　)。
   A. 采用溶剂型涂料时,屋面基层应干燥
   B. 热熔型防水涂料宜选用刮涂施工
   C. 所有防水涂料用于细部构造时,宜选用滚涂施工
   D. 水乳型及溶剂型防水涂料宜选用刮涂施工
   E. 聚合物水泥防水涂料宜选用刮涂法施工

7. 【单选】关于屋面防水水落口的做法,正确的是(　　)。
   A. 防水层贴入水落口杯内不应小于30mm,周围直径500mm范围内的坡度不应小于3%
   B. 防水层贴入水落口杯内不应小于30mm,周围直径500mm范围内的坡度不应小于5%
   C. 防水层贴入水落口杯内不应小于50mm,周围直径500mm范围内的坡度不应小于3%
   D. 防水层贴入水落口杯内不应小于50mm,周围直径500mm范围内的坡度不应小于5%

### 考点 2  保温隔热工程施工【重要】

1. 【多选】我国常用的墙体保温形式有（    ）。
   A. 外墙外保温
   B. 外墙内保温
   C. 夹芯保温
   D. 液体保温
   E. 金属保温

2. 【单选】对外墙外保温的施工条件，说法错误的是（    ）。
   A. 雨雪天气禁止施工
   B. 伸出外墙的消防梯在外保温施工结束后安装
   C. 作业环境不应低于5℃
   D. 作业风力不应大于5级

3. 【单选】关于屋面现浇泡沫混凝土保温层的施工，说法错误的是（    ）。
   A. 基层应清理干净，不得有积水
   B. 泡沫混凝土的出料口离基层的高度不宜超过0.5m
   C. 泡沫混凝土应分层浇筑，一次浇筑厚度不宜超过200mm
   D. 终凝后应进行保湿养护，养护时间不得少于7d

4. 【单选】关于屋面喷涂硬泡聚氨酯保温层的施工，说法错误的是（    ）。
   A. 施工前应对喷涂设备进行调试
   B. 喷涂时喷嘴与施工基面的间距应由试验确定
   C. 一个作业面应分遍喷涂完成，每遍喷涂厚度不宜大于10mm
   D. 硬泡聚氨酯喷涂后20min内严禁上人

### 考点 3  地下结构防水工程施工【重要】

1. 【单选】地下工程的防水等级分为（    ）级。
   A. 四                              B. 三
   C. 二                              D. 一

2. 【单选】下列关于地下防水工程施工技术，说法错误的是（    ）。
   A. 防水混凝土的适用环境温度不得高于100℃
   B. 地下防水工程施工前，施工单位应进行图纸会审
   C. 地下防水工程施工前，编制防水工程施工方案
   D. 地下防水工程必须由有相应资质的专业防水施工队伍进行施工

3. 【单选】用于防水混凝土的水泥品种宜选用（    ）。
   A. 粉煤灰硅酸盐水泥
   B. 矿渣硅酸盐水泥
   C. 火山灰质硅酸盐水泥
   D. 硅酸盐水泥

4. 【多选】地下防水混凝土施工中，施工缝的留设及施工的说法，正确的有（    ）。
   A. 墙体水平施工缝留置应低于顶板底面不小于300mm的墙体上

B. 距墙体预留洞口边缘不应小于300mm

C. 不宜与变形缝结合

D. 施工缝混凝土浇筑直接涂刷混凝土界面处理剂

E. 预埋注浆管时，应定位准确、固定牢靠

5. 【单选】关于水泥砂浆防水层施工中的温度要求，下列说法正确的是（　　）。

A. 冬期施工时，入模温度不应低于0℃

B. 炎热季节施工时，入模温度不宜大于35℃

C. 养护时间不得少于14d

D. 养护时间不得少于28d

6. 【单选】基础外墙立面铺贴防水卷材时应采用（　　）。

A. 空铺法

B. 点粘法

C. 条粘法

D. 满粘法

7. 【单选】水泥砂浆防水层可用于地下工程防水的最高温度是（　　）。

A. 25℃

B. 50℃

C. 80℃

D. 100℃

8. 【单选】外防外贴法卷材防水铺贴做法中，正确的是（　　）。

A. 先铺立面，后铺平面

B. 从底面折向立面的卷材与永久性保护墙接触部位采用满粘法

C. 高聚物改性沥青类防水卷材立面搭接长度为150mm

D. 两层卷材接槎时，下层卷材盖住上层卷材

### 考点 4　室内与外墙防水工程施工【重要】

1. 【单选】下列关于室内防水工程，说法错误的是（　　）。

A. 防水砂浆施工环境温度不应低于5℃

B. 防水砂浆终凝后应及时进行养护，养护时间不应少于14d

C. 防水砂浆当需留槎时，上下层接槎位置应错开200mm以上

D. 涂膜防水层前后两遍的涂刷方向应相互垂直

2. 【多选】常用的外墙防水材料有（　　）。

A. 防水砂浆

B. 聚合物水泥防水涂料

C. 聚合物乳液防水涂料

D. 聚氨酯防水涂料

E. 硅酮建筑密封胶

# 第五节 装饰装修工程施工

■ 知识脉络

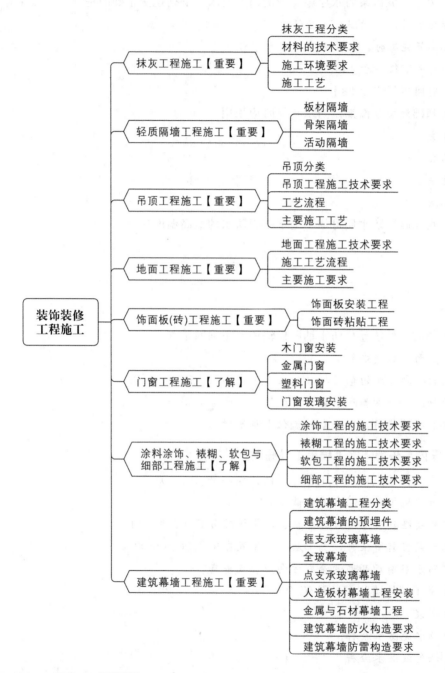

**考点 1** 抹灰工程施工【重要】

1.【多选】关于抹灰工程的施工做法,正确的有( )。
   A. 不同材料基体交接处表面的抹灰,应采取防止开裂的加强措施
   B. 抹灰用的石灰膏的熟化期最大不少于 7d

C. 设计无要求时,室内墙、柱面的阳角用1:2水泥砂浆做暗护角

D. 水泥砂浆抹灰层在干燥条件下养护

E. 当抹灰总厚度大于35mm时,采取加强措施

2.【单选】抹灰用的水泥应为强度等级不小于(　　)MPa。
   A. 32.5　　　　　　　　　　　　B. 42.5
   C. 52.5　　　　　　　　　　　　D. 62.5

3.【单选】设计无要求时,应采用1:2水泥砂浆做暗护角,其高度不应低于(　　)m。
   A. 1.0　　　　　　　　　　　　　B. 1.5
   C. 2.0　　　　　　　　　　　　　D. 2.5

### 考点 2　轻质隔墙工程施工【重要】

1.【单选】关于轻质隔墙工程施工技术,说法错误的是(　　)。
   A. 轻质隔墙自重轻、拆装方便
   B. 按构造方式和所用材料不同,分为板材隔墙、骨架隔墙、活动隔墙和玻璃隔墙等
   C. 在条板隔墙上横向开槽、开洞敷设电气暗线、暗管、开关盒时,选用隔墙厚度不宜小于90mm
   D. 当单层条板隔墙采取接板安装且在限高以内时,竖向接板不宜超过两次

2.【多选】关于条板隔墙的说法,正确的有(　　)。
   A. 当抗震设防地区的条板隔墙安装长度超过8m时,应设计构造柱并采取加固、防裂处理措施
   B. 当防水型石膏条板隔墙及其他有防水、防潮要求的条板隔墙用于潮湿环境时,下端应做C30素混凝土墙垫
   C. 墙垫高度不应小于150mm
   D. 在抗震设防区,条板隔墙与顶板、结构梁的接缝处,钢卡间距应不大于600mm
   E. 条板隔墙上需要吊挂重物和设备时,不得单点固定,并应在设计时考虑加固措施,固定两点间距应大于300mm

3.【单选】下列符合隔墙纸面石膏板安装技术要求的是(　　)。
   A. 自攻螺钉从板的两边向中间固定
   B. 自攻螺钉从板的中间向板的四边固定
   C. 短边接缝应落在竖向龙骨上
   D. 石膏板不能采用自攻螺钉固定

4.【单选】下对板材隔墙的工艺流程顺序是(　　)。
   ①安装隔墙板;②安装定位板;③安装固定卡;④板缝处理。
   A. ③②①④　　　　　　　　　　B. ②③①④
   C. ②①③④　　　　　　　　　　D. ①②③④

### 考点 3　吊顶工程施工【重要】

1.【单选】下列关于吊顶工程施工技术要求,说法正确的是(　　)。
   A. 吊杆距墙的距离为450mm

B. 主龙骨上吊杆之间的距离为1100mm

C. 主龙骨之间的距离为1100mm

D. 吊杆为1.2m时设置反支撑

2.【单选】吊顶工艺流程：①龙骨安装；②吊顶内管道、设备的安装、调试及隐蔽验收；③吊杆安装；④填充材料的安装；⑤安装饰面板。下列排序正确的是（　　）。

A. ③①②④⑤  B. ③②①④⑤
C. ②④③①⑤  D. ②③①④⑤

3.【单选】吊顶工程中，固定板材的次龙骨间距不得大于（　　）mm。

A. 400  B. 600
C. 800  D. 1000

4.【多选】下列关于整体面层吊顶工程饰面板的安装，说法正确的有（　　）。

A. 面板安装时，正面朝外，面板长边与主龙骨垂直方向铺设

B. 面板安装时，正面朝外，面板长边与次龙骨垂直方向铺设

C. 面板的安装固定应先从板的中间开始，然后向板的两端和周边延伸

D. 面板的安装固定应先从板的两端和周边开始，然后向板的中间聚拢

E. 自攻螺钉可以分多次钉入轻钢龙骨并应与板面垂直

5.【多选】当面板需留设各种孔洞时，应用专用机具开孔，（　　）等设备应与面板同步安装。

A. 灯具  B. 检修口
C. 风口  D. 设备
E. 管道

### 考点 4　地面工程施工【重要】

【单选】水泥混凝土散水、明沟和台阶等与建筑物连接处应设缝处理，其缝宽度为（　　）mm，缝内填嵌柔性密封材料。

A. 5～10  B. 15～20
C. 20～25  D. 25～30

### 考点 5　饰面板（砖）工程施工【重要】

1.【单选】墙、柱面砖粘贴前应进行挑选，并应浸水（　　）h以上，晾干表面水分。

A. 1  B. 1.5
C. 2  D. 2.5

2.【单选】饰面砖工程是指内墙饰面砖和高度不大于100m，抗震设防烈度不大于（　　）度，满粘法施工方法的外墙饰面砖工程。

A. 5  B. 6
C. 7  D. 8

### 考点 6　门窗工程施工【了解】

【单选】在门窗安装工程中，当门窗与墙体固定时，应先固定上框，后固定边框。下列固定方法错误的是（　　）。

A. 混凝土墙洞口采用射钉或膨胀螺钉固定

B. 砖墙洞口采用射钉固定，且必须固定在砖缝处

C. 轻质砌块或加气混凝土洞口可在预埋混凝土块上用射钉或膨胀螺钉固定

D. 设有预埋铁件的洞口应采用焊接的方法固定

## 考点 7　涂料涂饰、裱糊、软包与细部工程施工【了解】

1.【单选】厨房、卫生间墙面必须使用（　　）。
A. 普通腻子　　　　　　　　　　B. 耐水腻子
C. 水性腻子　　　　　　　　　　D. 油性腻子

2.【多选】建筑装饰装修细部工程是指（　　）。
A. 移动式橱柜制作与安装
B. 窗帘盒、窗台板制作与安装
C. 门窗套制作与安装
D. 护栏和扶手制作与安装
E. 花饰制作与安装

## 考点 8　建筑幕墙工程施工【重要】

1.【单选】下列用于建筑幕墙的材料或构配件中，通常无需考虑承载能力要求的是（　　）。
A. 连接角码
B. 硅酮结构密封胶
C. 不锈钢螺栓
D. 防火密封胶

2.【单选】幕墙与各层楼板、隔墙外沿间的缝隙，应采用不燃材料或难燃材料封堵，填充材料可采用岩棉或矿棉，其厚度不应小于（　　）mm。
A. 100　　　　　　　　　　　　B. 90
C. 50　　　　　　　　　　　　　D. 70

3.【多选】关于建筑幕墙防雷构造施工的做法，正确的有（　　）。
A. 幕墙的金属框架应与主体结构的防雷体系可靠连接
B. 导线截面积铜质不宜小于 $25mm^2$，铝质不宜小于 $30mm^2$
C. 每隔 15m 上下立柱有效连接
D. 有镀膜层的构件，应除去其镀膜层后进行连接
E. 防雷连接的钢构件在完成后应进行防锈油漆处理

4.【单选】埋设预埋件主体结构混凝土强度等级不应低于（　　），轻质填充墙不应作幕墙支承结构。
A. C15　　　　　　　　　　　　B. C20
C. C25　　　　　　　　　　　　D. C30

5.【单选】玻璃幕墙开启窗的开启角度不宜大于（　　），开启距离不宜大于（　　）mm。
A. 20°，200　　　　　　　　　　B. 25°，250
C. 30°，300　　　　　　　　　　D. 35°，350

## 第六节 季节性施工技术

**知识脉络**

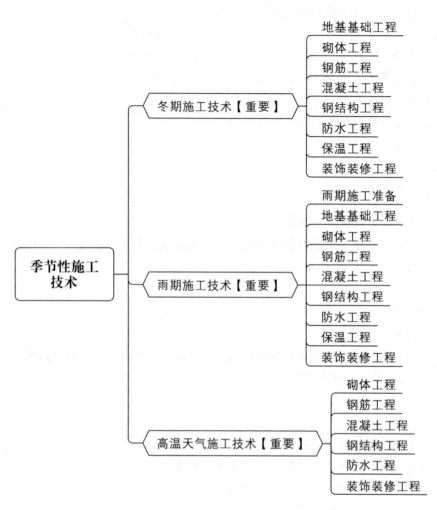

考点 1　冬期施工技术【重要】

1.【多选】关于冬期施工冻土回填的说法，正确的有（　　）。
　A. 室外的基槽（坑）或管沟可采用含有冻土块的土回填
　B. 填方边坡的表层1m以内，不得采用含有冻土块的土填筑
　C. 室外管沟底以上500mm的范围内不得用含有冻土块的土回填
　D. 室内的基槽（坑）或管沟不可采用含有冻土块的土回填
　E. 室内的基槽（坑）或管沟可以采用含有冻土块的土回填

2.【单选】冬期砂浆拌合水温、砂加热温度分别不宜超过（　　）℃。
　A. 90，50　　　　　　　　　　B. 90，40
　C. 80，50　　　　　　　　　　D. 80，40

3. 【多选】冬期施工不得采用掺氯盐砂浆砌筑的砌体有（　　）。
   A. 对装饰工程有特殊要求的建筑物
   B. 配筋、钢埋件无可靠防腐处理措施的砌体
   C. 接近高压电线的建筑物（如变电所、发电站等）
   D. 经常处于地下水位变化范围内的结构
   E. 地下已设防水层的结构

4. 【多选】关于外墙外保温工程冬期施工的说法，正确的有（　　）。
   A. 施工最低温度不应低于－10℃
   B. 施工期间以及完工后24h内，基层及环境空气温度不应低于5℃
   C. 胶粘剂和聚合物抹面胶浆拌合温度皆应高于5℃
   D. 聚合物抹面胶浆拌合水温度不宜大于90℃，且不宜低于40℃
   E. EPS板粘贴应保证有效粘贴面积大于30%

### 考点 2　雨期施工技术【重要】

1. 【单选】雨期施工中，调整砌筑砂浆水胶比的最主要参数是（　　）。
   A. 外加剂含水量　　　　　　　　B. 砂的含水量
   C. 掺和物含水量　　　　　　　　D. 石子的含水量

2. 【单选】关于建筑工程雨期施工的说法，不正确的是（　　）。
   A. 混凝土工程应对粗、细骨料含水率实时监测，及时调整混凝土配合比
   B. 钢筋工程楼层后浇带可以用硬质材料封盖临时保护
   C. 混凝土浇筑完毕后，应及时采取覆盖塑料薄膜等防雨措施
   D. 混凝土工程梁板同时浇筑时应沿主梁方向浇筑

### 考点 3　高温天气施工技术【重要】

1. 【单选】关于涂装环境温度和相对湿度的说法，正确的是（　　）。
   A. 环境温度不宜高于50℃，相对湿度不应大于80%
   B. 环境温度不宜高于50℃，相对湿度不应大于95%
   C. 环境温度不宜高于38℃，相对湿度不应大于85%
   D. 环境温度不宜高于50℃，相对湿度不应大于85%

2. 【多选】关于防水工程高温施工的说法，正确的有（　　）。
   A. 防水材料应随用随配，配制好的混合料宜在3h内用完
   B. 大体积防水混凝土入模温度不应大于30℃
   C. 改性石油沥青密封材料施工环境气温不高于35℃
   D. 高聚物改性沥青防水卷材储存环境最高气温不得超过45℃
   E. 自粘型卷材储存叠放层数不应超过5层

3. 【单选】高温施工混凝土配合比设计的原则是（　　）用量。
   A. 低粗骨料　　　　　　　　　　B. 高细骨料
   C. 高拌和水　　　　　　　　　　D. 低水泥

4. 【单选】关于高温天气混凝土施工的说法，错误的是（　　）。
   A. 入模温度宜低于 35℃  
   B. 宜在午间进行浇筑
   C. 应及时进行保湿养护  
   D. 宜用白色涂装砼运输车

# PART 2

## 第二篇
## 建筑工程相关法规与标准

学习计划:

扫码做题
熟能生巧

山重水复疑无路
柳暗花明又一村

# 第四章　相关法规

## 知识脉络

### 考点　相关法规【重要】

1.【单选】脚手架工程施工应判定为重大事故隐患的是（　　）。
   A. 脚手架工程的地基基础承载力和变形满足设计要求
   B. 附着式升降脚手架经验收合格后投入使用
   C. 附着式升降脚手架使用过程中架体悬臂高度大于架体高度的 2/5
   D. 附着式升降脚手架使用过程中架体悬臂高度小于 6m

2.【多选】施工现场建筑垃圾减量化应遵循（　　）的原则。
   A. 源头减量
   B. 分类管理
   C. 就地处置
   D. 集中处置
   E. 排放控制

3.【多选】关于《建设工程质量检测管理办法》的说法，正确的有（　　）。
   A. 检测机构与所检测建设工程相关的建设单位不得有隶属关系或者其他利害关系
   B. 建设单位委托检测机构开展建设工程质量检测活动的，施工单位或者监理单位应当对建设工程质量检测活动实施见证
   C. 见证人员应当制作见证记录，记录取样、制样、标识、封志、送检以及现场检测等情况，并签字确认
   D. 非建设单位委托的检测机构出具的检测报告不得作为工程质量验收资料
   E. 检测机构及其工作人员不得推荐或者监制建筑材料、建筑构配件和设备

4.【单选】既有建筑装修时，如需改变原建筑承重结构，必须在施工前委托（　　）提出设计方案。
   A. 原结构设计单位或者具有相应资质条件的设计单位
   B. 建设单位
   C. 监理单位
   D. 施工单位

## 第五章 相关标准

### 知识脉络

相关标准 —— 相关标准【了解】
- 地基基础工程相关标准
- 主体结构工程施工相关标准
- 装饰装修与屋面工程相关标准
- 绿色建造与建筑节能相关标准

### 考点 相关标准【了解】

1. 【单选】下列关于灌注桩混凝土强度检验的说法，错误的是（　　）。
   A. 灌注桩混凝土强度检验的试件应在施工现场随机抽取
   B. 来自同一搅拌站的混凝土，每浇筑 50m³ 必须至少留置 1 组试件
   C. 当混凝土浇筑量不足 50m³ 时，每连续浇筑 24h 必须留置 1 组试件
   D. 对单柱单桩，每根桩应至少留置 1 组试件

2. 【单选】女儿墙和山墙的压顶向内排水坡度不应小于（　　）%。
   A. 2　　　　　　　　　　　　B. 3
   C. 4　　　　　　　　　　　　D. 5

3. 【多选】钢结构涂装工程中，当设计对涂层厚度无要求时，下列关于涂层干漆膜说法正确的有（　　）。
   A. 总厚度室外应为 150μm
   B. 总厚度室外可为 180μm
   C. 总厚度室内应为 125μm
   D. 总厚度室外应为 125μm
   E. 总厚度室内应为 100μm

4. 【单选】建筑工程内部装修材料按燃烧性能进行分级，正确的是（　　）。
   A. A 级：不燃性　　　　　　B. B 级：难燃性
   C. C 级：可燃性　　　　　　D. D 级：易燃性

5. 【多选】建筑工程内部装修材料可以选用 $B_1$ 级防火材料的部位有（　　）。
   A. 厨房的顶棚　　　　　　　B. 配电室
   C. 储藏间　　　　　　　　　D. 阳台
   E. 消防控制室的墙面

6. 【单选】建筑内部装修防火工程质量验收应由（　　）组织进行。
   A. 建设单位项目负责人　　　B. 施工单位项目负责人
   C. 监理工程师　　　　　　　D. 设计单位项目负责人

7. 【多选】与门窗工程相比，幕墙工程必须增加的安全和功能检测项目有（　　）。
   A. 后置埋件的现场拉拔力
   B. 空气渗透性能
   C. 雨水渗透性能

D. 层间变形性能
E. 硅酮结构胶的剥离粘结性

8. 【单选】根据《节能建筑评价标准》（GB/T 50668—2011）规定，节能建筑评价应涵盖的阶段是（　　）。
   A. 设计和施工  B. 建筑设计和建筑工程
   C. 设计和采购  D. 施工和运营管理

9. 【多选】根据室内环境污染的不同要求，下列属于Ⅱ类民用建筑的有（　　）。
   A. 商店  B. 幼儿园
   C. 展览馆  D. 书店
   E. 学校

10. 【多选】民用建筑工程验收时，室内环境污染浓度监测涉及的污染物有（　　）。
    A. 甲醛  B. 总挥发性有机化合物
    C. 苯  D. 二氧化硫
    E. 氡

11. 【单选】工程桩的桩身完整性的抽检数量不应少于总数的（　　），且不应少于10根。
    A. 10%  B. 20%
    C. 30%  D. 40%

12. 【单选】土方开挖的顺序、方法必须与设计工况相一致，并遵循（　　）的原则。
    A. 开槽支撑、先挖后撑、分层开挖、严禁超挖
    B. 开槽即挖、先挖后撑、一次开挖、严禁开挖
    C. 开槽支撑、先撑后挖、分层开挖、严禁超挖
    D. 开槽支撑、先撑后挖、一次开挖、适当超挖

13. 【单选】沉管灌注桩施工前应对（　　）进行检查。
    A. 放线后的桩位  B. 垂直度
    C. 钢筋笼顶标高  D. 混凝土强度

14. 【单选】当混凝土结构施工质量不符合要求时，经（　　）检测鉴定达到设计要求的检验批，应予以验收。
    A. 设计单位  B. 建设单位
    C. 监理单位  D. 有资质的检测单位

15. 【单选】砌筑墙体中，可以不设置过梁的洞口最大宽度为（　　）mm。
    A. 250  B. 300
    C. 400  D. 500

16. 【单选】采用涂料防腐时，表面除锈处理后宜在（　　）h内进行涂装。
    A. 2  B. 3
    C. 4  D. 5

17. 【单选】关于混凝土预制构件安装与连接的主控项目要求，说法错误的是（　　）。
    A. 每工作班应制作1组且每层不应少于3组的灌浆料试件
    B. 每工作班同一配合比应制作1组且每层不应少于3组的坐浆料试件

C. 相邻两层四块墙板形成的水平和竖向十字接缝区域，面积不得少于 10m²，进行现场淋水试验

D. 应将坐浆料制成 40mm×40mm×160mm 的长方体试件，标养 28d 后进行抗压强度试验

18. 【单选】平屋面采用结构找坡时，屋面防水找平层的排水坡度不应小于（　　）。
    A. 1%    B. 2%
    C. 3%    D. 5%

19. 【多选】根据《建筑内部装修防火施工及验收规范》（GB 50354—2005），进入施工现场的装修材料进行检查的项目有（　　）。
    A. 合格证书               B. 防火性能型式检验报告
    C. 燃烧性能或耐火极限     D. 化学成分
    E. 应用数量

20. 【多选】建筑内部装修工程的防火施工与验收，应按装修材料种类划分为（　　）装修。
    A. 纺织织物子分部         B. 木质材料子分部
    C. 复合材料子分部         D. 玻璃幕墙材料子分部
    E. 高分子合成材料子分部

# PART 3 第三篇 建筑工程项目管理实务

学习计划:

扫码做题
熟能生巧

不负时光
砥砺前行

# 第六章 建筑工程企业资质与施工组织

**知识脉络**

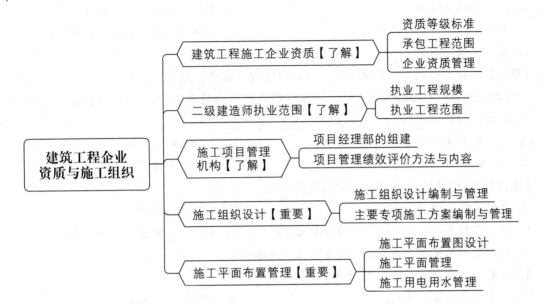

**考点 1** 建筑工程施工企业资质【了解】

【多选】建筑工程施工总承包资质分为（　　）。

A. 特级　　　　　　　　　　B. 一级

C. 二级　　　　　　　　　　D. 三级

E. 四级

**考点 2** 二级建造师执业范围【了解】

1. 【单选】按照装饰装修专业工程规模标准，下列单项合同额属于中型工程的是（　　）万元。

A. 1500　　　　　　　　　　B. 200

C. 80　　　　　　　　　　　D. 50

2. 【单选】下列工程中，超出二级建造师（建筑工程）执业资格范围的是（　　）。

A. 高度 90m 的公共建筑工程

B. 高度 75m 的附着脚手架安装工程

C. 跨度 36m 的钢结构建筑物工程

D. 单项工程合同额 900 万元的装饰装修工程

**考点 3** 施工项目管理机构【了解】

【单选】建立项目管理机构应遵循的步骤是（　　）。

①明确管理任务；②明确组织结构；③确定岗位职责及人员配置；④制定工作程序和管理

制度；⑤管理层审核认定。
A. ①②③④⑤  B. ①③②④⑤
C. ②①③④⑤  D. ③②①④⑤

## 考点 4 施工组织设计【重要】

1. 【多选】施工组织设计按编制对象可分为（　　）。
   A. 施工组织总设计
   B. 单项工程施工组织设计
   C. 单位工程施工组织设计
   D. 分部分项工程施工组织设计
   E. 施工方案

2. 【单选】单位工程施工组织设计是一个工程的战略部署，是宏观定性的，体现（　　），是一个将建筑物的蓝图转化为实物的指导组织各种活动的总文件，是对项目施工全过程管理的综合性文件。
   A. 技术性和操作性
   B. 指导性和原则性
   C. 经济性和组织性
   D. 技术性和指导性

3. 【多选】单位工程施工组织设计编制的依据有（　　）。
   A. 工程设计文件
   B. 工程施工合同
   C. 非工程所在地行政主管部门的批准文件
   D. 工程施工范围内的现场条件
   E. 施工企业的生产能力、机具设备状况、技术水平等

4. 【单选】组织单位工程施工组织设计交底的是（　　）。
   A. 施工单位技术负责人
   B. 施工单位项目负责人
   C. 建设单位主管部门
   D. 施工单位主管部门

5. 【多选】单位工程的施工组织设计在实施工程中应进行检查，过程检查可按照工程施工阶段进行，通常划分为（　　）三个阶段。
   A. 地基基础
   B. 主体结构
   C. 二次结构
   D. 装饰装修和机电设备安装
   E. 竣工交付

6. 【多选】项目实施过程中，如发生（　　）情况，施工组织设计应及时进行修改或补充。
   A. 工程设计有修改
   B. 有关法律、法规、规范和标准实施、修订和废止
   C. 主要施工方法有重大调整
   D. 主要施工资源配置有重大调整
   E. 施工环境有重大改变

7. 【多选】施工部署应对项目实施过程涉及的（　　）作出统筹规划和全面安排。
   A. 任务
   B. 资源
   C. 空间
   D. 时间
   E. 质量

8. 【多选】"四新"技术包括（　　）。
   A. 新技术
   B. 新工艺
   C. 新材料
   D. 新设备

E. 新标准

9. 【多选】施工部署应包括的内容有（　　）。
   A. 工程目标
   B. 拟投入的最低人数和平均人数
   C. 资源配置计划
   D. 工程管理的组织
   E. 项目管理总体安排

10. 【多选】施工流水段划分的依据有（　　）。
    A. 工程特点
    B. 季节施工
    C. 施工方法
    D. 施工顺序
    E. 工程量

11. 【多选】一般工程的施工顺序包括（　　）。
    A. "先准备、后开工"
    B. "先地下、后地上"
    C. "先结构、后围护"
    D. "先围护、后安装"
    E. "先土建、后设备"

12. 【单选】建筑工程实行施工总承包的，其中深基坑工程施工由专业地基基础公司分包，基坑支护专项施工方案可由（　　）编制。
    A. 基坑支护设计单位
    B. 专业地基基础公司
    C. 建筑设计单位
    D. 业主委托其他专业单位

13. 【单选】下列属于超过一定规模的危险性较大的分部分项工程的是（　　）。
    A. 开挖深度超过3m的土方开挖工程
    B. 搭设高度为10m的模板支撑工程
    C. 搭设高度为48m的落地式钢管脚手架工程
    D. 搭设跨度为12m的模板支撑工程

14. 【单选】不需要专家论证的专项施工方案，审批流程为（　　）。
    A. 施工单位技术负责人审核签字、加盖单位公章→总监理工程师审查签字、加盖执业印章
    B. 施工单位技术负责人审核签字、加盖单位公章→专业监理工程师审查签字、加盖执业印章
    C. 专业承包单位技术负责人审核签字、加盖单位公章→总监理工程师审查签字、加盖执业印章
    D. 施工单位技术负责人审核签字、加盖单位公章→业主项目负责人或总监理工程师审查签字、加盖执业印章

15. 【多选】下列关于专家论证的专家组成员，说法正确的有（　　）。
    A. 论证专家不得少于5名
    B. 论证专家不得少于3名
    C. 与工程有利害关系的人员不得以专家身份参加专家论证会
    D. 总监理工程师可以专家身份参加专家论证会

E. 建设单位技术负责人可以专家身份参加专家论证会

16. 【单选】超过一定规模的危险性较大的分部分项工程专项方案应由（　　）组织专家论证。
    A. 施工单位　　　　　　　　　　B. 勘察单位
    C. 建设单位　　　　　　　　　　D. 监理单位

## 考点 5　施工平面布置管理【重要】

1. 【多选】现场施工平面布置图的基本内容包括（　　）。
    A. 项目施工用地范围内的地形状况
    B. 全部拟建的建（构）筑物和其他基础设施的位置
    C. 施工现场必备的安全、消防、保卫和环境保护等设施
    D. 施工进度计划
    E. 相邻的地上、地下既有建（构）筑物及相关环境

2. 【单选】关于建筑施工现场安全文明施工的说法，错误的是（　　）。
    A. 市区主要路段的施工现场围挡高度不应低于2.5m
    B. 施工现场出入口应设置车辆冲洗设施
    C. 现场出入口明显处应设置"五牌一图"
    D. 库房经审批后可以住人

3. 【多选】下列图牌中，属于现场出入口"五牌一图"的有（　　）。
    A. 安全生产牌　　　　　　　　　B. 工程概况牌
    C. 物料管理牌　　　　　　　　　D. 消防保卫牌
    E. 首层平面图

4. 【单选】关于施工现场文明施工的说法，错误的是（　　）。
    A. 现场宿舍必须设置可开启式外窗
    B. 场地四周必须采用封闭围挡
    C. 施工现场必须实行封闭管理
    D. 施工现场办公区与生活区必须分开设置

5. 【单选】关于施工现场临时用水管理的说法，正确的是（　　）。
    A. 高度超过24m的建筑工程，严禁消防竖管兼作施工用水管线
    B. 消防用水不能利用城市或建设单位的永久消防设施
    C. 自行设计消防用水时，消防干管直径最小应为75mm
    D. 消防供水中的消防泵可不使用专用配电线路

6. 【单选】下列符合施工现场电工操作管理规定的是（　　）。
    A. 应持证上岗　　　　　　　　　B. 带负荷插拔插头
    C. 必要时无证也可操作　　　　　D. 水平高也可以带电作业

# 第七章 施工招标投标与合同管理

**知识脉络**

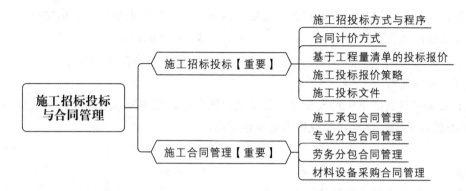

### 考点 1 施工招标投标【重要】

1. 【单选】关于招标人退还投标人投标保证金的时限，说法正确的是（　　）。
   A. 自收到投标人书面撤回通知之日起 14d 内退还
   B. 自收到投标人书面撤回通知之日起 7d 内退还
   C. 自收到投标人书面撤回通知之日起 5d 内退还
   D. 自收到投标人书面撤回通知之日起 28d 内退还

2. 【多选】关于联合体投标的说法，正确的有（　　）。
   A. 多个施工单位可以组成一个联合体，以一个投标人的身份共同投标
   B. 中标的联合体各方应当就中标项目向招标人承担连带责任
   C. 联合体各方的共同投标协议属于合同关系
   D. 由不同专业的单位组成的联合体，按照资质等级较低的单位确定业务许可范围
   E. 联合体中标的，应当由联合体各方共同与招标人签订合同

3. 【单选】下列不属于工程预付款用途的是（　　）。
   A. 购置材料　　　　　　　　　　　B. 搭设板房
   C. 组织施工队伍进场　　　　　　　D. 用于公司资金周转

4. 【单选】某项目合同价为 1000 万元，预付比例为 20%，主要材料所占比例为 40%。各月完成工程量情况见下表，不考虑其他任何扣款，下列相关分析不正确的是（　　）。

| 月份 | 1 | 2 | 3 | 4 | 5 |
| --- | --- | --- | --- | --- | --- |
| 完成工程量/万元 | 100 | 200 | 300 | 300 | 100 |

   A. 预付款=1000×20%=200（万元）
   B. 起扣点=1000−200/40%=500（万元）
   C. 预付款从第 3 个月开始扣回
   D. 第 3 个月应扣回预付款为 120 万元

5. 【单选】2016 年 5 月实际完成的某工程按 2015 年 5 月签约时的价格计算，工程价款为 1000 万元，该工程固定要素的系数为 0.2，各参加调值的部分，除钢材的价格指数增长了 10% 外其余均未发生变化，钢材费用占调值部分的 50%，按价格指数调值公式法计算，则该工程实际结算价为（　　）万元。

   A. 1020　　　　　　　　　　　B. 1030

   C. 1040　　　　　　　　　　　D. 1050

6. 【多选】固定单价合同的计价方式主要适用于以下（　　）特点的建设工程项目。

   A. 工程技术比较复杂　　　　　B. 技术难度小

   C. 图纸完备　　　　　　　　　D. 工程规模较大

   E. 工程实行代建制

7. 【单选】措施项目费清单中的安全文明施工费应按照不低于国家或省级、行业建设主管部门规定标准的（　　）计价，不得作为竞争性费用。

   A. 80%　　　　　　　　　　　B. 85%

   C. 90%　　　　　　　　　　　D. 95%

8. 【多选】工程量清单计价的风险不包括（　　）。

   A. 国家法律、法规、规章和政策变化

   B. 省级或行业建设主管部门发布的人工费调整

   C. 合同中已经约定的市场物价波动范围

   D. 合同中未约定的市场物价波动范围

   E. 不可抗力

### 考点 2　施工合同管理【重要】

1. 【单选】下列不属于建设工程施工合同管理原则的是（　　）。

   A. 依法履约原则　　　　　　　B. 公平公正原则

   C. 诚实信用原则　　　　　　　D. 协调合作原则

2. 【单选】下列施工合同文件的排序符合优先解释顺序的是（　　）。

   A. 中标通知书、投标函及其附录、专用合同条款及其附件、技术标准和要求

   B. 技术标准和要求、中标通知书、投标函及其附录、专用合同条款及其附件

   C. 专用合同条款及其附件、技术标准和要求、中标通知书、投标函及其附录

   D. 专用合同条款及其附件、中标通知书、投标函及其附录、技术标准和要求

3. 【单选】下列不属于施工合同文件的是（　　）。

   A. 招标文件　　　　　　　　　B. 投标函及其附录

   C. 中标通知书　　　　　　　　D. 图纸

4. 【单选】在执行政府定价或政府指导价的情况下，在履行合同过程中，当价格发生变化时，下列说法错误的是（　　）。

   A. 逾期交付标的物的，遇到价格上涨时，按照新价格履行

   B. 逾期交付标的物的，遇到价格下降时，按照新价格履行

   C. 逾期提取标的物的，遇到价格上涨时，按照新价格履行

   D. 逾期付款的，遇到价格下降时，按照原价格履行

5.【单选】总承包合同签订后,关于总承包合同的应用,说法正确的是(    )。
    A. 总承包单位不得向专业分包单位收取管理费
    B. 若总承包单位没有向专业分包单位收取管理费,便可以就分包工程免除进度责任
    C. 即便总承包单位没有向专业分包单位收取管理费,并不影响总承包单位的承担义务
    D. 属于专业分包单位质量责任的,总承包不承担责任

6.【多选】在专业分包合同中,(    )属于分包人应当完成的工作。
    A. 负责整个施工场地管理
    B. 提供施工场地工程地质材料
    C. 向承包人提供年、季、月度工程进度计划及相应进度统计报表
    D. 负责分包工程成品保护工作,发生损坏时自费修复
    E. 及时办理施工场地交通、施工噪声以及环境保护和安全文明生产等管理手续,并报承包人

7.【单选】关于总承包单位对专业分包单位的管理,说法正确的是(    )。
    A. 总承包单位负责提供施工图纸,不负责向专业分包单位进行技术交底
    B. 合同专用条款中约定的设备和设施由专业分包单位来准备
    C. 随时为分包人提供确保分包工程的施工所要求的施工场地和通道等,满足施工运输的需要,保证施工期间的畅通
    D. 专业分包单位只允许承包人及其授权的人员在工作时间内,合理进入专业工程施工场地或材料存放的地点

8.【单选】下列不属于专业承包资质类别的是(    )。
    A. 建筑幕墙                     B. 电梯安装
    C. 钢筋工程                     D. 钢结构

9.【多选】关于专业分包人的工作,说法正确的有(    )。
    A. 分包人应按照分包合同的约定,对分包工程进行设计(分包合同有约定时)、施工、竣工和保修
    B. 按照合同专用条款约定的时间,完成规定的设计内容,报承包人确认后在分包工程中使用,承包人承担由此发生的费用
    C. 分包人不能按承包人批准的进度计划施工时,应根据承包人的要求提交一份修订的进度计划,以保证分包工程如期竣工
    D. 分包人只允许承包人及其授权的人员在工作时间内,合理进入分包工程施工场地或材料存放的地点
    E. 已竣工工程未交付承包人之前,分包人应负责已完成分包工程的成品保护工作,保护期间发生损坏,分包人自费予以修复

10.【单选】下列关于施工合同变更权的说法,正确的是(    )。
    A. 承包人不可以提出变更
    B. 由发包人发出变更指示
    C. 在施工过程中,施工单位发现图纸明显错误,可擅自更改图纸
    D. 涉及设计变更的,应由设计人提供变更后的图纸和说明

11. 【单选】下列变更程序：①变更执行；②承包人的合理化建议；③变更估价；④发包人提出变更；⑤监理人提出变更建议；⑥变更引起的工期调整。按顺序排列正确的是（　　）。
    A. ⑤④①③②⑥　　　　　　　　　　　B. ⑤④①②③⑥
    C. ④⑤①③②⑥　　　　　　　　　　　D. ④⑤①②③⑥

12. 【单选】下列有关变更估价程序的说法，正确的是（　　）。
    A. 承包人在收到变更指示后 7d 内，向监理人提交变更估价申请
    B. 监理人应在收到承包人提交的变更估价申请后 14d 内审查完毕并报送发包人
    C. 发包人在承包人提交变更估价申请后 14d 内审批完毕
    D. 发包人逾期未完成审批或未提出异议的，视为不认可承包人提交的变更估价申请

13. 【单选】关于业主或非施工单位的原因造成的停工、窝工，说法正确的是（　　）。
    A. 业主按照当地造价部门颁布的工资标准对停窝工人工费补偿
    B. 业主负责停窝工人工费补偿标准
    C. 业主负责机械台班费的补偿
    D. 业主不负责机械租赁费的补偿

14. 【多选】索赔必须符合的基本条件包括（　　）。
    A. 客观性　　　　　　　　　　　　　　B. 真实性
    C. 合法性　　　　　　　　　　　　　　D. 合理性
    E. 及时性

15. 【单选】工期索赔的计算方法不包括（　　）。
    A. 总费用法　　　　　　　　　　　　　B. 按实际增加天数索赔
    C. 比例分析法　　　　　　　　　　　　D. 网络分析法

16. 【单选】由于罕见特大暴雨，导致施工单位工期延误 5 天，机械设备损失 2 万元，下列分析错误的是（　　）。
    A. 罕见特大暴雨属于不可抗力
    B. 机械设备损失 2 万元不可以索赔
    C. 可以索赔工期 5 天
    D. 工期和机械设备损失都可以索赔

17. 【单选】在劳务分包合同中，下列（　　）属于劳务分包人的义务。
    A. 按时提交报表、完整的原始技术经济资料
    B. 与发包人、监理、设计等有关部门联系，协调现场工作关系
    C. 负责编制施工组织设计，统一制定各项管理目标
    D. 按时提供图纸，及时交付应供材料、设备

18. 【多选】设备供应合同应关注的条款有（　　）。
    A. 设备价格　　　　　　　　　　　　　B. 设备数量
    C. 设备规格　　　　　　　　　　　　　D. 设备等级
    E. 设备名称

19. 【多选】物资采购合同主要条款包括（　　）。
    A. 标的　　　　　　　　　　　　　　　B. 数量

C. 运输方式      D. 价格
E. 技术标准

20. 【多选】采购过程中，为确保物资的采购符合项目需求，应遵循的原则有（　　）。
    A. 比较不同供应商提供的物资质量
    B. 选择距离最近的供应商以减少运输成本
    C. 考虑供应商的售后服务和技术支持
    D. 仅根据价格选择供应商
    E. 计算采购总成本，包括运输和其他潜在费用

21. 【多选】根据规定，分包工程工期顺延的情况包括（　　）。
    A. 承包人要求分包工程竣工时间延长
    B. 承包人未按合同约定提供图纸和施工场地
    C. 承包人未按约定支付工程款项
    D. 承包人发出错误指令影响施工
    E. 分包人原因导致的工程变更

22. 【单选】下列情形中，分包工程的工期不得顺延的是（　　）。
    A. 承包人未按时支付预付款
    B. 承包人未提供必要的施工指令
    C. 因不可抗力导致施工延误
    D. 分包人自身原因导致工程变更

# 第八章 施工进度管理

## 知识脉络

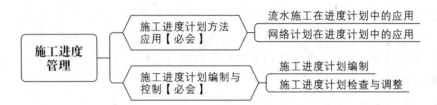

### 考点 1 施工进度计划方法应用【必会】

1. 【单选】下列参数中,不属于流水施工参数的是( )。
   A. 技术参数  B. 空间参数
   C. 工艺参数  D. 时间参数

2. 【单选】在无节奏流水施工中,通常用来计算流水步距的方法是( )。
   A. 累加数列错位相减取差值最大值
   B. 累加数列错位相加取和值最小值
   C. 累加数列对应相减取差值最大值
   D. 累加数列对应相减取差值最小值

3. 【单选】在工程网络计划中,判别关键工作的条件是( )最小。
   A. 自由时差  B. 总时差
   C. 持续时间  D. 时间间隔

4. 【单选】在工程网络计划执行过程中,若某项工作比原计划拖后,而未超过该工作的自由时差,则( )。
   A. 不影响总工期,影响后续工作
   B. 不影响后续工作,影响总工期
   C. 对总工期及后续工作均不影响
   D. 对总工期及后续工作均有影响

5. 【单选】在工程网络计划中,工作F的最早开始时间为第15d,其持续时间为5d。该工作有三项紧后工作,它们的最早开始时间分别为第24d、第26d和第30d,最迟开始时间分别为第30d、第30d和第32d,则工作F的总时差和自由时差分别为( )d。
   A. 10,4  B. 10,10
   C. 12,4  D. 12,10

6. 【多选】流水施工的特点有( )。
   A. 有利于缩短工期  B. 提高工作质量和效率
   C. 减少窝工和建造成本  D. 资源投入量波动大
   E. 有利于资源组织与供给

## 考点 2  施工进度计划编制与控制【必会】

1. 【多选】施工进度计划按编制对象的不同分为（　　）。
   A. 施工总进度计划
   B. 单位工程进度计划
   C. 分阶段工程进度计划
   D. 分部分项工程进度计划
   E. 检验批进度计划

2. 【单选】关于施工进度计划编制的基本原则，以下说法正确的是（　　）。
   A. 首先进行全场性工程的施工，然后按照工程排队的顺序，逐个地进行单位工程的施工
   B. "三通"工程应先场内后场外，由近而远，先主干后分支，排水工程要先下游后上游
   C. 先地下后地上和先浅后深的原则
   D. 主体结构施工和装饰工程施工同时进行

3. 【单选】施工总进度计划宜优先采用（　　）。
   A. 网络计划
   B. 横道图
   C. 表格
   D. 直方图

4. 【多选】下列文件中，属于单位工程进度计划应包括的内容有（　　）。
   A. 工程建设概况
   B. 建设单位可能提供的条件和水电供应情况
   C. 施工现场条件和勘察资料
   D. 分阶段进度计划
   E. 主要施工方案及流水段划分

5. 【单选】在网络计划工期优化过程中，当出现多条关键线路时，在考虑对质量、安全影响的基础上，优先选择的压缩对象应是各条关键线路上（　　）。
   A. 直接费用率之和最小的工作组合，而压缩后的工作可能变为非关键工作
   B. 直接费用率之和最小的工作组合，且压缩后的工作仍然是关键工作
   C. 直接费之和最小的工作组合，而压缩后的工作可能变为非关键工作
   D. 直接费之和最小的工作组合，且压缩后的工作仍然是关键工作

6. 【单选】工程网络计划的计划工期应（　　）。
   A. 等于要求工期
   B. 等于计算工期
   C. 不超过要求工期
   D. 不超过计算工期

7. 【多选】单位工程进度计划的编制依据包括（　　）。
   A. 主管部门的批示文件及建设单位的要求
   B. 施工图纸及设计单位对施工的要求
   C. 施工企业年度计划对该工程的安排
   D. 资源配备情况，如劳动力、施工机具和材料供应
   E. 施工单位可能提供的条件和水电供应情况

8. 【多选】项目进度计划监测后，应形成的书面进度监测报告内容主要包括（　　）。

A. 进度执行情况的综合描述

B. 实际施工进度

C. 资源供应进度

D. 工程变更、价格调整、索赔及工程款收支情况

E. 下一阶段工作的具体安排

# 第九章 施工质量管理

**知识脉络**

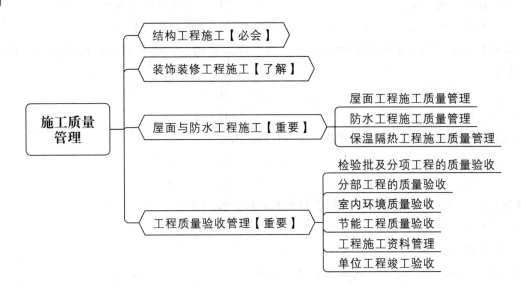

### 考点 1 结构工程施工【必会】

1. 【单选】灌注桩成孔的控制深度与桩型有关,下列说法错误的是（    ）。
   A. 摩擦桩应以设计桩长控制成孔深度
   B. 摩擦桩采用锤击沉管法成孔时,桩管入土深度控制应以贯入度为主,以高程控制为辅
   C. 端承型桩采用锤击沉管法成孔时,桩管入土深度控制应以贯入度为主,以高程控制为辅
   D. 端承摩擦桩必须保证设计桩长及桩端进入持力层深度

2. 【单选】泥浆护壁钻孔灌注桩成孔时,下列做法正确的是（    ）。
   A. 在成孔并一次清理完毕之后浇筑混凝土
   B. 第一次清孔在沉放钢筋笼、下导管后
   C. 泥浆循环清孔时,清孔后泥浆相对密度控制在 1.15～1.25
   D. 第一次浇筑混凝土必须保证底端埋入混凝土 0.5m

3. 【单选】关于扣件式钢管作高大模板支架立杆时的说法,错误的是（    ）。
   A. 立杆上每步设置双向水平杆且与立杆扣接
   B. 相邻两立柱接头不得在同步内
   C. 立柱接长最多只允许有一个搭接接头
   D. 严禁将上段的钢管立柱与下段钢管立柱错开固定在水平拉杆上

4. 【单选】成型钢筋检验批量可由合同约定,同一工程、同一原材料来源、同一组生产设备生产的成型钢筋,检验批量不宜大于（    ）t。
   A. 20                                B. 30
   C. 40                                D. 50

5. 【单选】在同一工程项目中，同一厂家、同一牌号、同一规格的钢筋连续（　　）批进场检验均一次检验合格时，其后的检验批量可扩大一倍。
   A. 二 B. 三
   C. 四 D. 五

6. 【单选】钢筋混凝土结构中，严禁使用（　　）。
   A. 含氟化物的水泥 B. 含氟化物的外加剂
   C. 含氯化物的水泥 D. 含氯化物的外加剂

7. 【单选】填充墙与承重主体结构间的空（缝）隙部位施工，应在填充墙砌筑（　　）d后进行。
   A. 3 B. 7
   C. 10 D. 14

8. 【单选】砌筑砂浆搅拌后的稠度以（　　）mm为宜。
   A. 30～90 B. 60～90
   C. 60～80 D. 30～80

9. 【单选】下列情况的钢材中，无须进行全数抽样复验的是（　　）。
   A. 国外进口钢材
   B. 钢材混批
   C. 板厚30mm且设计无Z向性能要求的板材
   D. 设计有复验要求的钢材

10. 【单选】碳素结构钢应在（　　）后进行焊缝无损检测检验。
    A. 完成焊接24h B. 完成焊接48h
    C. 焊缝冷却到50℃以下 D. 焊缝冷却到环境温度

11. 【多选】预制构件交付的产品质量证明文件应包括（　　）。
    A. 出厂合格证 B. 混凝土强度检验报告
    C. 钢筋套筒工艺检验报告 D. 产品使用说明书
    E. 合同要求的其他质量证明文件

12. 【多选】预制构件施工中，关于钢筋套筒灌浆连接的正确做法有（　　）。
    A. 现浇混凝土中伸出的钢筋应采用专用模具定位
    B. 连接钢筋偏离套筒中心线不宜超过3mm
    C. 预制构件上套筒、预留孔内有杂物时可不清理
    D. 检查被连接钢筋的规格、数量、位置和长度
    E. 连接钢筋倾斜时，应进行校直

### 考点 2　装饰装修工程施工【了解】

1. 【多选】饰面板工程验收时，应对（　　）进行验收。
   A. 预埋件或后置埋件 B. 龙骨安装
   C. 连接节点 D. 防水、保温、防火节点
   E. 基层和基体

2. 【单选】有防水要求的建筑地面子分部工程的分项工程施工质量每检验批抽查数量应按其房

间总数随机检验不应少于（　　）间。

A. 3　　B. 4

C. 6　　D. 8

3. 【多选】门窗工程应对材料及其性能指标进行复验的有（　　）。

　A. 人造木板的甲醛含量

　B. 人造木板的挥发性有机化合物（TVOC）

　C. 建筑外窗的抗风压性能

　D. 建筑外窗的气密性

　E. 隐蔽部位的防腐、填嵌处理

## 考点 3　屋面与防水工程施工【重要】

1. 【单选】用块体材料做防水保护层时，分格缝纵横间距不应大于（　　）m。

　A. 7　　B. 8

　C. 9　　D. 10

2. 【单选】设计无要求时，架空隔热层高度宜为（　　）mm。

　A. 180～300　　B. 150～280

　C. 100～150　　D. 200～400

3. 【单选】建筑室内防水工程施工质量检查中的"三检"制度是指（　　）。

　A. 各道工序操作人员自检、交接检和专职人员检查

　B. 各道工序操作人员自检、专职人员检查和监理人员专检

　C. 各道工序操作人员自检、互检和监理人员专检

　D. 各道工序操作人员互检、专职人员检查和监理人员专检

4. 【单选】防水涂料的胎体增强材料进场应检验的项目是（　　）。

　A. 低温柔性　　B. 耐热性

　C. 不透水性　　D. 延伸率

5. 【单选】屋面喷涂硬泡聚氨酯保温层，一个作业面应分遍喷涂完成，每遍喷涂厚度不宜大于（　　）mm，硬泡聚氨酯喷涂后（　　）min内严禁上人。

　A. 15，20　　B. 20，20

　C. 15，30　　D. 20，30

6. 【多选】涂膜防水层施工时，适宜的环境温度应为（　　）。

　A. 水乳型涂料适宜5～35℃

　B. 溶剂型涂料适宜－10～35℃

　C. 热熔型涂料不宜低于－10℃

　D. 聚合物水泥涂料适宜5～35℃

　E. 溶剂型涂料适宜－5～35℃

## 考点 4　工程质量验收管理【重要】

1. 【单选】检验批由（　　）组织验收。

　A. 专业监理工程师

B. 总监理工程师

C. 施工单位项目经理

D. 施工单位项目技术负责人

2. 【单选】分项工程质量验收应由（　　）组织。

  A. 工程部经理         B. 专业监理工程师

  C. 项目技术负责人       D. 项目质量负责人

3. 【单选】分部工程的验收应由（　　）来组织。

  A. 项目经理         B. 项目总工程师

  C. 监理工程师         D. 总监理工程师

4. 【多选】民用建筑室内环境中甲醛、氨等污染物浓度检测时，应遵守的条件有（　　）。

  A. 固定式家具保持正常使用状态

  B. 集中通风系统正常运行下进行

  C. 自然通风工程关闭门窗 1h 后检测

  D. 自然通风工程关闭门窗 24h 后检测

  E. 室内环境质量验收不合格禁止使用

5. 【单选】对民用建筑室内环境污染物浓度初次检验结果不合格时，通常做法是（　　）。

  A. 对不合格房间开窗通风，再次进行检测

  B. 对不符合项目再次加倍抽样检测，并应包括原不合格同类型房间及原不合格房间

  C. 直接对不合格房间返工，采用合格材料施工完成后再次进行检测

  D. 采用活性炭、空气清新剂等物品对室内空气处理，一周后再次检测

6. 【多选】建筑节能工程检验批质量验收应参加的人员有（　　）。

  A. 监理工程师         B. 施工单位项目技术负责人

  C. 质量检查员         D. 施工员

  E. 项目经理

7. 【多选】单位工程质量验收合格的条件有（　　）。

  A. 分部工程质量验收合格

  B. 质量控制资料完整

  C. 安全和主要使用功能检验资料完整

  D. 主要使用功能满足规范要求

  E. 竣工图绘制完成

8. 【多选】下列关于工程资料移交，说法正确的有（　　）。

  A. 施工单位向建设单位移交施工资料

  B. 各专业承包单位向总承包单位移交施工资料

  C. 工程资料移交时应及时办理相关移交手续

  D. 监理单位应向城建档案管理部门移交监理资料

  E. 有条件时，向城建档案管理部门移交的工程档案应为原件

9. 【单选】整理工程文件应该采用的书写材料是（　　）。

  A. 碳素墨水         B. 纯蓝墨水

C. 圆珠笔  D. 红色墨水

10. 【多选】关于建筑工程档案编制的说法,正确的有(    )。

   A. 归档的工程文件最好为原件,如非原件,复印件加盖公司公章,并注明原件存放处
   B. 工程文件中文字材料幅面尺寸规格宜为 A4 幅面,图纸宜采用国家标准图幅
   C. 竣工图章的基本内容应包括"竣工图"字样、施工单位、编制人、审核人、项目质量负责人、编制日期、监理单位、现场监理、总监理工程师
   D. 归档的建设工程电子文件的内容必须与其纸质档案一致
   E. 竣工图应有竣工图章和相关责任人签字

# 第十章 施工成本管理

■ 知识脉络

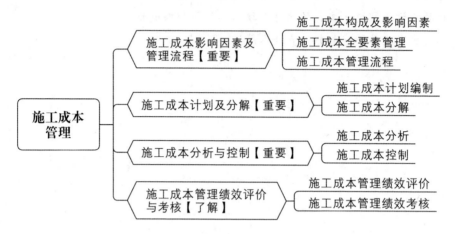

考点 1　施工成本影响因素及管理流程【重要】

1.【多选】目标成本可以按照项目的管理费核算间接成本,其中间接费包含(　　)等内容。
　　A. 临时设施摊销费　　　　　　　B. 二次搬运费
　　C. 工程保修费　　　　　　　　　D. 场地清理费
　　E. 差旅费

2.【单选】关于建筑工程施工成本管理程序,排序正确的是(　　)。
　　①成本预测；②成本控制；③成本考核；④成本计划；⑤成本核算；⑥成本分析。
　　A. ①④②⑤⑥③　　　　　　　　B. ①④⑤②⑥③
　　C. ④①②⑤⑥③　　　　　　　　D. ①④②⑤③⑥

考点 2　施工成本计划及分解【重要】

【单选】按施工项目成本费用的目标分类,环保部门对项目罚款属于(　　)。
　　A. 生产成本　　　　　　　　　　B. 质量成本
　　C. 工期成本　　　　　　　　　　D. 不可预见成本

考点 3　施工成本分析与控制【重要】

1.【多选】关于建筑工程常用成本分析依据,说法正确的有(　　)。
　　A. 因素分析法　　　　　　　　　B. 统计核算
　　C. 会计核算　　　　　　　　　　D. 业务核算
　　E. 绩效核算

2.【单选】关于因素分析法排序,说法正确的是(　　)。
　　A. 先价值量,后工程量；先绝对数,后相对数
　　B. 先工程量,后价值量；先绝对数,后相对数

C. 先价值量，后工程量；先相对数，后绝对数

D. 先工程量，后价值量；先相对数，后绝对数

## 考点 4　施工成本管理绩效评价与考核【了解】

【多选】企业对项目经理进行考核时，应包括的内容有（　　）。

A. 项目施工目标成本完成情况

B. 项目经理成本责任制落实情况

C. 成本计划编制和落实情况

D. 对各部门责任成本检查和考核情况

E. 施工现场安全文明施工情况

# 第十一章 施工安全管理

■ 知识脉络

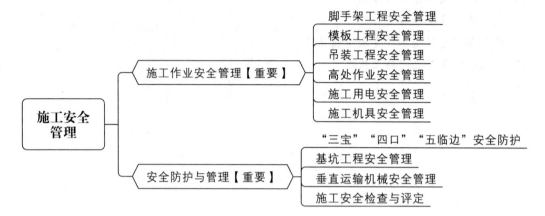

**考点 1** 施工作业安全管理【重要】

1. 【单选】关于施工现场安全用电的做法，正确的是（　　）。
   A. 所有用电设备用同一个专用开关箱
   B. 总配电箱无需加装漏电保护器
   C. 现场 10 台用电设备编制了用电组织设计
   D. 施工现场的动力用电和照明用电形成一个用电回路

2. 【单选】关于施工现场照明用电的做法，正确的是（　　）。
   A. 照明变压器采用自耦变压器
   B. 易触及带电体的场所电源采用 36V 电压
   C. 人防工程施工照明电源采用 24V 电压
   D. 金属容器内的照明电源采用 24V 电压

3. 【单选】脚手架搭设中，双排脚手架一次搭设高度不宜超过（　　）m。
   A. 30　　　　　　B. 40　　　　　　C. 50　　　　　　D. 60

4. 【多选】脚手架定期检查的主要内容有（　　）。
   A. 主要受力杆件、剪刀撑等加固杆件、连墙件应无缺失、无松动，架体应无明显变形
   B. 场地应无积水，立杆底端应无松动、无悬空
   C. 安全防护设施应齐全、有效，应无损坏缺失
   D. 高度在 30m 以上的脚手架，其立杆的沉降与垂直度的偏差是否符合技术规范的要求
   E. 悬挑脚手架的悬挑支承结构应固定牢固

5. 【多选】脚手架搭设过程中，应在下列（　　）阶段进行检查，检查合格后方可使用，不合格应进行整改，整改合格后方可使用。
   A. 基础完工后及脚手架搭设前

B. 首层水平杆搭设后

C. 作业脚手架每搭设一个楼层高度

D. 搭设支撑脚手架，高度每2~4步或不大于8m

E. 外挂防护架在首次安装完毕、每次提升前、提升就位后

6.【多选】影响模板支架整体稳定性主要因素有（　　）。

  A. 立杆间距　　　　　　　　　　　　B. 水平杆的步距

  C. 立杆的接长　　　　　　　　　　　　D. 连墙件的连接

  E. 剪刀撑的角度

7.【单选】满堂支撑架搭设高度不宜超过（　　）m。

  A. 15　　　　　　　　　　　　　　　　B. 20

  C. 25　　　　　　　　　　　　　　　　D. 30

8.【单选】关于现浇混凝土工程模板支撑系统立杆的说法，错误的是（　　）。

  A. 支撑系统的立柱材料可用钢管、门形架、木杆

  B. 安装立柱的同时，应加设水平拉结和剪刀撑

  C. 立柱的间距应经计算确定，按照施工方案要求进行施工

  D. 立柱底部可用砖做铺垫

9.【多选】关于保证模板安装施工安全基本要求的说法，正确的有（　　）。

  A. 雨期施工，高耸结构的模板作业，要安装避雷装置

  B. 夜间施工，必须有足够的照明

  C. 架空输电线路下方进行模板施工，如果不能停电作业，应采取隔离防护措施

  D. 模板工程作业高度在2m及2m以上时，要有安全可靠的操作架子或操作平台

  E. 六级以上大风天气，不宜进行大块模板拼装和吊装作业

10.【多选】设计无要求时，现浇混凝土结构模板及其支架拆除的规定有（　　）。

  A. 承重模板，应在与结构同条件养护的试块强度达到规定要求时，方可拆除

  B. 后张预应力混凝土结构底模必须在预应力张拉完毕后，才能拆除

  C. 拆模过程中，如发现实际混凝土强度并未达到要求，有影响结构安全的质量问题时，应暂停拆模

  D. 已拆除模板及其支架的混凝土结构，在混凝土强度达到设计的混凝土强度标准值前，允许承受全部设计的使用荷载

  E. 拆除芯模或预留孔的内模时，应在混凝土强度能保证不发生塌陷和裂缝时，方可拆除

11.【单选】高处作业是指凡在坠落高度基准面（　　）m及以上有可能坠落的高处进行的作业。

  A. 2　　　　　　　　　　　　　　　　　B. 3

  C. 4　　　　　　　　　　　　　　　　　D. 5

12.【多选】关于高处作业基本安全要求的说法，正确的有（　　）。

  A. 从事高处作业的人员应按规定正确佩戴和使用安全带

  B. 进行高处作业前，应认真检查所使用的安全设施

  C. 四级及四级以上风力不得进行露天高处作业

D. 未采取相应的可靠措施对安全防护设施进行临时拆除或变动

E. 雨雪天严禁进行高空作业

13.【单选】下列关于攀登与悬空作业安全控制要点,说法错误的是（    ）。

A. 攀登者作业使用的脚手架,在使用前应进行安全检查

B. 现场作业人员不允许在阳台间或非正规通道处进行登高

C. 现场作业人员在脚手架杆件攀爬时应做好防护措施

D. 对在高空需要固定、连接、施焊的工作,应预先搭设操作架或操作平台

14.【单选】移动式操作平台台面不得超过（    ）$m^2$,高度不得超过（    ）m。

A. 10,5    B. 10,6

C. 15,5    D. 15,6

15.【单选】关于施工用电安全管理的说法,正确的是（    ）。

A. 配电系统应采用三级配电方式

B. 照明变压器使用自耦变压器

C. 一般场所宜选用额定电压为180V的照明器

D. 施工现场临时用电设备在5台及以上时,应制定安全用电和电气防火措施

16.【多选】下列场所适合使用Ⅱ类手持电动工具的有（    ）。

A. 一般场所    B. 金属构架

C. 管道内    D. 潮湿场所

E. 金属容器

17.【多选】下列关于木工机具安全控制要点的说法,错误的有（    ）。

A. 木工机具安装完毕,经验收合格后方可投入使用

B. 多功能木工机具使用一台电机时,经专业电工对漏电保护器检查后才可使用

C. 平刨的护手装置拆除后,严禁戴手套进行操作

D. 机具应使用单向开关

E. 机具应使用倒顺双向开关

18.【单选】吊装作业使用行灯照明时,电压不得超过（    ）V。

A. 12    B. 24

C. 36    D. 48

### 考点 2　安全防护与管理【重要】

1.【多选】在高处作业时,关于安全带的使用要求正确的有（    ）。

A. 无脚手架或栏杆时必须使用安全带

B. 安全带可用于吊送工具材料

C. 应高挂低用,防止摆动碰撞

D. 双钩应挂在结实牢固的构件上

E. 超过3m高度作业应加装缓冲器

2.【单选】根据国家有关规定,竖向洞口短边边长小于500mm时应采取的措施是（    ）。

A. 设置高度不小于1.2m的防护栏杆

B. 采用密目式安全立网封闭

C. 采取封堵措施

D. 设置挡脚板

3. 【多选】在进行洞口作业时，应采取的防护措施包括（　　）。

   A. 非竖向洞口短边边长25～500mm时，使用承载力满足要求的盖板覆盖

   B. 竖向洞口短边边长≥500mm时，设置高度不小于1.2m的防护栏杆

   C. 非竖向洞口短边边长500～1500mm时，采用盖板覆盖或防护栏杆

   D. 位于车辆行驶通道旁的洞口，盖板承受荷载不小于额定卡车后轮有效承载力2倍

   E. 竖向洞口短边边长小于500mm时，设置挡脚板

4. 【多选】电梯井口应设置的防护门要求包括（　　）。

   A. 高度不小于1.5m

   B. 底端距地面高度不大于50mm

   C. 必须设置挡脚板

   D. 施工前电梯井道内每隔2层加设安全平网

   E. 电梯井内的施工层上部，应设置隔离防护设施

5. 【单选】下列防护栏杆的安全要求中，不正确的是（　　）。

   A. 上横杆离地高度最高为1.2m

   B. 下横杆离地高度最低为0.5m

   C. 横杆长度超过2m必须加设栏杆柱

   D. 挡脚板与地面间隙不小于10mm

6. 【单选】下列对应采取支护措施的基坑，说法正确的是（　　）。

   A. 深度较大的基坑

   B. 地基土质松软的基坑

   C. 基坑开挖会危及邻近地下管线的安全与使用

   D. 面积较大的基坑

7. 【单选】悬臂式基坑支护结构发生深层滑动时，应采取的措施是（　　）。

   A. 加设锚杆　　　　　　　　　　B. 加设支撑

   C. 支护墙背卸土　　　　　　　　D. 及时浇筑垫层

8. 【多选】基坑工程监测内容包括（　　）。

   A. 支护结构监测　　　　　　　　B. 周围环境监测

   C. 坑内地形的变形监测　　　　　D. 地下水排降检测

   E. 原状土沉降检测

9. 【单选】基坑支护破坏的主要形式中，导致基坑隆起的原因是（　　）。

   A. 支护埋置深度不足　　　　　　B. 止水帷幕处理不好

   C. 人工降水处理不好　　　　　　D. 刚度和稳定性不足

10. 【单选】下列外用电梯安全控制的说法中，错误的是（　　）。

    A. 外用电梯由具有相应资质的专业队伍安装完成后，经监理验收合格即可投入使用

    B. 外用电梯底笼周围2.5m范围内必须设置牢固的防护栏杆

    C. 外用电梯与各层站过桥和运输通道进出口处应设常闭型防护门

D. 六级及六级以上大风天气时，停止使用外用电梯

11. 【多选】关于塔式起重机安全控制要点的说法，正确的有（　　）。

    A. 塔吊的安装经监理验收后投入使用
    B. 固定式塔吊的基础施工设计计算和施工详图应作为塔吊专项施工方案内容之一
    C. 施工现场多塔作业时，塔机间应保持安全距离
    D. 遇有风速在12m/s（或六级）及以上大风，塔吊工作应采取必要的安全措施
    E. 遇恶劣天气应停止作业，将吊钩放下

12. 【多选】下列属于文明施工检查评定保证项目的有（　　）。

    A. 材料管理　　　　　　　　　　B. 应急救援
    C. 封闭管理　　　　　　　　　　D. 施工组织设计及专项施工方案
    E. 施工场地

13. 【单选】根据《建筑施工安全检查标准》（JGJ 59—2011）规定，建筑施工安全检查评定合格的标准是（　　）。

    A. 分项检查评分表无零分，汇总表得分值应在80分及以上
    B. 有一分项检查评分表得零分，汇总表得分值不足70分
    C. 分项检查评分表无零分，汇总表得分值应在80分以下，70分及以上
    D. 分项检查评分表无零分，汇总表得分值应在85分及以上

# 第十二章 绿色施工及现场环境管理

■ 知识脉络

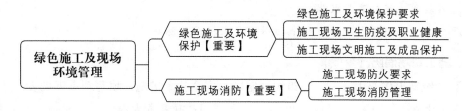

### 考点 1 绿色施工及环境保护【重要】

1.【单选】关于绿色施工"四节一环保"中的"四节"不包括（　　）。
   A. 节电　　　　　　　　　　　B. 节水
   C. 节地　　　　　　　　　　　D. 节材

2.【单选】绿色施工中关于节水与水资源利用的技术要点，表述错误的是（　　）。
   A. 施工中采用先进的节水施工工艺
   B. 现场机具、设备、车辆冲洗用水必须设置循环用水装置
   C. 对生活用水与工程用水确定用水定额指标，共同计量管理
   D. 混凝土养护和砂浆搅拌用水应有节水措施

3.【多选】建筑垃圾处置应符合的规定包括（　　）。
   A. 建筑垃圾应分类收集、集中堆放
   B. 废电池、废墨盒等有毒有害的废弃物应混放
   C. 垃圾桶应分为可回收利用与不可回收利用两类
   D. 建筑垃圾回收利用率应达到30％
   E. 碎石和土石方类可用作地基和路基回填材料

4.【单选】施工作业人员如发生法定传染病、食物中毒或急性职业中毒时，必须在（　　）h内向施工现场所在地建设行政主管部门和卫生防疫等部门进行报告。
   A. 1　　　　　　　　　　　　　B. 2
   C. 3　　　　　　　　　　　　　D. 4

5.【多选】现场文明施工的主要内容包括（　　）。
   A. 保持作业环境整洁卫生　　　　B. 创造安全生产条件
   C. 减少对居民影响　　　　　　　D. 树立绿色施工理念
   E. 随意堆放建筑材料

6.【多选】施工现场的管理要求包括（　　）。
   A. 围挡必须规范，不得随意搭建
   B. 大门要设置明显标识，便于识别
   C. 材料必须按图集中码放，保持整齐

D. 生活设施应保持整洁，不得乱堆乱放

E. 施工现场可以适当扬尘，但不影响周边环境

7.【多选】根据产品的特点，可以分别对成品、半成品采取的具体保护措施有（　　）。

A. 楼梯踏步用固定木板进行防护

B. 进出口台阶用垫砖或搭设通道板进行防护

C. 柱角固定专用防护条或包角进行防护

D. 大理石柱用立板包裹捆扎保护

E. 门厅、走道部位等大理石块材地面用固定木板进行防护

### 考点 2　施工现场消防【重要】

1.【单选】二级动火作业由（　　）组织拟定防火安全技术措施，填写动火审批表。

A. 技术负责人　　　　　　　　　B. 项目负责人

C. 项目责任工程师　　　　　　　D. 所在班组

2.【单选】同一天内，如果（　　）发生变化，需重新办理动火审批手续。

A. 动火地点　　　　　　　　　　B. 焊接人员

C. 焊接工艺　　　　　　　　　　D. 看火人

3.【多选】关于施工现场消防器材的配备，说法错误的有（　　）。

A. 临时搭设的建筑物区域内每 $100m^2$ 配备 1 只 10L 灭火器

B. 大型临时设施总面积超过 $1200m^2$ 时，应备有消防专用的太平桶、积水桶（池）、黄砂池，且周围不得堆放易燃物品

C. 高度超过 24m 的建筑工程，应安装临时消防竖管，管径不得小于 60mm

D. 临时木工加工车间、油漆作业间等，每 $25m^2$ 应配置 1 只种类合适的灭火器

E. 消防箱内消防水管长度不小于 30m

4.【多选】易燃材料仓库的设置要求包括（　　）。

A. 设在水源充足、消防车能驶到的地方

B. 设在下风方向

C. 四周内有宽度不小于 8m 的平坦空地作为消防通道

D. 设两个以上的大门

E. 可燃材料库房单个房间的建筑面积不应超过 $20m^2$

5.【单选】在下列情况进行用火作业，动火等级最低的是（　　）。

A. 小型油箱　　　　　　　　　　B. 登高焊、割

C. 各种受压设备　　　　　　　　D. 无明显危险因素的场所

6.【单选】施工现场义务消防队员人数占施工总人数的百分比至少不少于（　　）。

A. 10%　　　　　　　　　　　　B. 12%

C. 20%　　　　　　　　　　　　D. 25%

# PART 4　第四篇
## 案例专题模块

学习计划：

读书破万卷　下笔如有神

# 模块一 进度管理

## 案例一

【背景资料】

某装配式工程项目,建设单位和某施工单位根据《建设工程施工合同(示范文本)》(GF—2017—0201)签订了施工承包合同,合同工期为35d。

工程实施过程中发生了下列事件:

**事件一:** 施工单位将施工作业划分为A、B、C、D四个施工过程,分别由指定的专业班组进行施工,每天一班工作制,流水施工参数见表1-1。

表1-1 流水施工参数

| 流水节拍/天 | | 施工过程 | | | |
|---|---|---|---|---|---|
| | | A | B | C | D |
| 施工段 | Ⅰ | 2 | 4 | 6 | 4 |
| | Ⅱ | 2 | 4 | 6 | 4 |
| | Ⅲ | 2 | 4 | 6 | 4 |
| | Ⅳ | 2 | 4 | 6 | 4 |

**事件二:** 施工单位向监理单位提交的施工现场平面布置图包括项目施工用地范围内的加工、运输、存储、供电、供水、供热、排水、排污设施以及临时施工道路和办公、生活用房。监理单位认为内容不全。

【问题】

1. 事件一中,属于何种形式的流水施工,流水施工的组织形式还有哪些?
2. 事件一中,列式计算A、B、C、D四个施工过程之间的流水步距分别是多少天?
3. 事件一中,列式计算流水施工的计划工期是多少天?能否满足合同工期要求?
4. 事件二中,施工现场平面布置图还包括哪些?

# 案例二

**【背景资料】**

某项目施工网络计划已经批准,如图1-1(时间单位:d)所示。在准备施工前,经过各参建单位批准增加一个新工作J,该工作持续时间为5d,必须是工作A完成后才开始,工作F开始前完成,且工作J和工作H性质相同,共用一台机械,故需顺序施工。

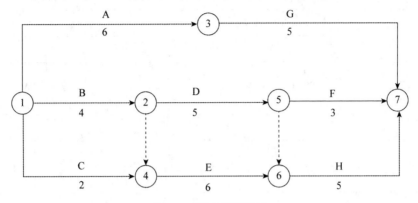

图1-1 施工网络计划

施工中发生如下事件:

**事件一**:为了迎接检查,施工单位准备在第7、8两天把不重要的工作停工。

**事件二**:施工单位向监理单位报送了该工程的施工组织设计,其中明确了工程的质量、进度、成本、安全四项管理目标,建设单位认为不妥。

**【问题】**

1. 该施工网络计划的计算工期为多少天?关键工作有哪些?
2. 增加工作J后,请在原网络计划图上标出工作J的位置。并确定新的关键线路和工期。
3. 事件一中,应停什么工作才不影响工期?为什么?
4. 事件二中,该工程的施工管理目标应补充哪些内容?

# 案例三

【背景资料】

某厂房工程施工,在工程开工前,施工单位上报了施工组织设计,其中进度计划网络图如图 1-2(时间单位:周)所示。

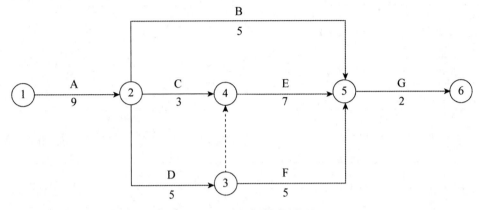

图 1-2 施工进度计划网络图

施工过程中发生如下事件:施工单位施工至工作 F 时,由于建设单位供应材料的质量问题,造成施工单位人工费、机械费共损失 5 万元,同时造成工作 F 时间延长 3 周。施工单位提出了 3 周的工期索赔和 5 万元的费用索赔。

【问题】

1. 该施工网络计划的计算工期为多少天?关键工作有哪些?
2. 该工程施工组织设计的内容有哪些?
3. 该施工单位提出索赔的要求是否合理?说明理由。
4. 写出事件发生后的关键线路和工作 B、E、F 的总时差。

# 案例四

**【背景资料】**

某建筑施工单位在新建办公楼工程施工前,按相关规定由项目技术负责人组织编制单位工程施工组织设计并包含各项基本内容,经项目负责人审批后报监理机构。

在施工组织设计中,施工进度计划以时标网络图(时间单位:周)形式表示。在第5周末,施工单位对现场实际进度进行检查,并在时标网络图中绘制了实际进度前锋线,如图1-3所示。

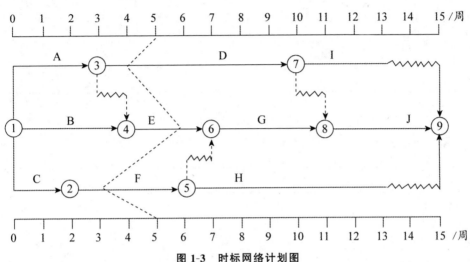

图1-3 时标网络计划图

针对检查中发现的实际规定进度与计划进度不符的情况,施工单位均在规定时限内提出索赔意向通知,并在监理单位规定的时间内上报了相应的工期索赔资料。经监理工程师核实,工作D的进度偏差是因为建设单位供应材料原因所导致,工作F的进度偏差是因为当地政策性停工导致。根据上述情况,监理工程师对两项工期索赔未批准。

**【问题】**

1. 指出施工组织设计编制、审批程序的不妥之处,并写出正确做法。
2. 写出关键线路。
3. 指出网络图中前锋线涉及各工序的实际进度偏差情况。如果后续工作仍按原计划的速度进行,本工程的实际完工工期是多少周?
4. 针对工作D、工作F,分别判断施工单位上报的两项工期索赔是否成立?并说明理由。

# 模块二 质量和验收管理

## 案例一

【背景资料】

某写字楼工程为钢筋混凝土框架结构,地下3层,地上16层。建筑高度为65m,基坑深度为12m,首层高度为12m,跨度为24m,外墙为玻璃幕墙。建设单位与施工总承包单位签订了施工总承包合同。

合同履行过程中,发生了下列事件:

**事件一:** 机械挖土时,基底以上500mm厚土层应采用人工配合挖除;基坑(槽)每边比设计宽度加宽0.2m;土方回填时基地内有少量杂物,施工单位认为没有影响,直接进行了回填工作。

**事件二:** 施工单位在基坑完成并自检合格后,组织验槽。由施工单位项目经理主持、施工单位质量负责人以及相关专业的质量检查员参加。总监理工程师认为该验收主持及参加人员不满足规定,要求重新组织验收。

**事件三:** 施工单位施工到二层框架柱钢筋绑扎时,建设单位书面通知将二层及以上各层由原设计层高4.0m变更为4.80m,当日施工单位停工。25d后建设单位才提供正式变更图纸,工程恢复施工。复工当日施工单位立即提出停、窝工损失60万元和顺延工期25d的书面报告及相关索赔资料,但甲方收到后始终未予答复。

【问题】

1. 根据背景资料,需要进行专家论证的分部分项工程安全专项施工方案有哪些?
2. 指出事件一中的不妥之处,并说明理由;土方回填的厚度应根据哪些因素确定?
3. 事件二中,基坑验槽应由谁组织?还应有哪些人员参加?
4. 事件三中,施工单位的索赔是否成立?并说明理由。

## 案例二

**【背景资料】**

某施工单位中标一新建写字楼工程,钢筋混凝土框架结构。地上8层,层高为4m;地下1层,层高为4.5m。一层为大厅,层高为5.4m,框架柱间距为8m×8m。

施工过程中发生如下事件:

**事件一:** 在模板施工中,立杆底部用砖块进行了铺垫,因设计对起拱高度无明确要求,施工单位根据经验按3cm起拱,与后浇带部位的模板一起整体安装。监理验收时,发现模板支设不符合要求,要求返工处理。

**事件二:** 施工单位进场后,在施工前制定了分项工程和检验批的划分方案,并由监理单位审核。第一批钢筋原材到场,项目试验员会同监理单位见证人员进行见证取样,对钢筋原材料相关性能指标进行复检。

**事件三:** 一层大厅模板拆除前,试验员在标养室取了一组试块送检,测得试验强度达到设计强度的80%,项目经理同意拆模。

**【问题】**

1. 指出事件一中施工单位做法的不妥之处,并说明理由。
2. 分别写出检验批和分项工程的划分依据。钢筋原材料的复检项目有哪些?
3. 有抗震结构要求的钢筋应满足哪些要求?
4. 指出事件三中施工单位的不妥之处,并说明理由。

## 案例三

【背景资料】

某新建写字楼工程，建筑面积为 66000m²，地下 2 层，地上 18 层，钢筋混凝土框架-剪力墙结构，基础形式为筏板基础，地下防水等级为一级，屋面防水等级为二级，室内隔墙及外部填充墙为加气混凝土砌块，其中幕墙工程为建设单位分包工程，总工期为 2 年，合同规定总承包单位应向业主移交 4 套竣工资料。

施工过程中发生了如下事件：

**事件一**：幕墙工程在防雷构造施工时，直接在涂有镀膜层的构件上进行防雷连接，钢构件涂防锈油漆后进行防雷连接。幕墙工程防雷施工均符合国家相关标准的要求。

**事件二**：在填充墙砌筑时，部分水泥是五个月前进场的，砌块堆置高度按规定不超过 3m。填充墙与承重主体结构间的空（缝）隙在填充墙砌筑 7d 后进行。

**事件三**：主体结构工程完工后，总监理工程师组织了分部工程的验收，结论合格。

【问题】

1. 事件一中，施工单位的做法是否妥当？说明理由。
2. 事件二中，砌筑施工有哪些不妥之处？说明理由。
3. 幕墙工程的有关安全和功能的检测项目是什么？
4. 分部工程质量验收合格的规定是什么？

## 案例四

【背景资料】

某房地产开发公司投资兴建的写字楼工程，建筑面积为 20000m²，地下 2 层，地上 15 层，基础为筏板基础，框架结构。工程各类系统齐全，在当地属于智能性建筑，由专业分包单位具体组织施工。2021 年 10 月开工，2023 年 8 月 15 日完工。

施工过程中发生如下事件：

**事件一**：主体结构进行验收时，由监理工程师组织建设和施工单位的项目负责人进行验收。勘察单位项目负责人没有参加主体工程的验收，质量监督机构认为勘察单位项目负责人也必须参加，并在监理工程师见证下，由施工单位项目负责人组织实施对涉及混凝土结构安全的部位进行结构实体检验。经检测发现，混凝土结构存在影响结构安全的严重缺陷，施工单位提出技术处理方案后，经建设和监理单位认可后进行处理。

**事件二**：专业监理工程师组织并主持了节能分部工程验收，施工单位项目负责人、项目技术负责人和相关专业的负责人、质量检查员、施工员参加了验收。

**事件三**：施工、监理单位在工程竣工验收前，将各自形成的有关工程档案向建设单位进行了归档。

【问题】

1. 指出事件一中的不妥之处，并说明理由。
2. 结构实体检测包括哪些内容？
3. 指出事件二中的不妥之处，并写出正确做法。节能分部验收还应有哪些人员参加？
4. 分别写出施工、监理、建设单位工程档案的移交程序。

## 模块三　安全管理

### 案例一

【背景资料】

某施工总承包单位承建一写字楼工程，地下3层，地上15层，位于闹市区，周围环境较复杂，基坑深度为10m。

在施工过程中发生了如下事件：

**事件一：** 在施工现场设置安全警示牌。为宣传企业形象，总承包单位在现场办公区前空旷场地树立了悬挂企业旗帜的旗杆，旗杆与基座预埋件焊接连接。

**事件二：** 基坑工程为专业分包工程。在施工前，分包单位自行编制专项施工方案，并组织专家论证。其中，设计单位项目负责人以专家的身份参加论证会。

**事件三：** 起重吊装作业前，先进行了试吊，确认符合设计要求。作业过程中，作业人员攀爬脚手架时未佩戴安全带；吊装作业使用行灯照明时，电压达到了220V。

【问题】

1. 事件一中，旗杆与基座预埋件焊接是否需要开动火证？若需要，请说明动火等级并给出相应的审批程序。写出施工现场安全警示牌的布置原则。

2. 事件二中的做法有哪些不妥之处？并说明理由。

3. 写出试吊程序。指出吊装作业过程中的不妥之处，并写出正确做法。

4. 起重机"十不吊"的内容是什么？

## 案例二

**【背景资料】**

某五星级酒店工程,地下局部3层,基坑开挖深度为12m。经过招标确定了参建各方,并签订相关合同。

施工过程中发生了如下事件:

**事件一:** 施工地点地下水位相对较高,施工单位采取了合理的降水方法。

**事件二:** 由于基坑施工时正值雨季,基坑周边发生了坍塌迹象,项目经理及时发现并采取了有效处理措施,未出现任何事故。

**事件三:** 基坑施工完成,施工单位自检合格后申请验槽。

**事件四:** 工程竣工验收后,建设单位指令设计、监理等参建单位将工程资料交施工单位汇总,施工单位把汇总资料提交给城建档案管理机构进行工程验收。

**【问题】**

1. 地下水的控制方法有哪些?
2. 基坑发生坍塌前的主要迹象是什么?基坑工程检测的内容有哪些?
3. 验槽时必须具备的资料有哪些?
4. 指出事件四中存在哪些不妥之处,并分别给出正确做法。

## 案例三

【背景资料】

某建筑公司承建一商业写字楼，位于市区繁华区域，建筑高度为30m。工程设计为钢筋混凝土框架结构，合同工期为550d。

在施工过程中发生了如下事件：

**事件一：** 施工中采用单排脚手架防护，并采用柔性连墙件进行可靠连接。连墙件采用5步5跨进行布置。监理工程师在巡视中发现脚手架的搭设不符合相关规定，要求整改。

**事件二：** 项目经理安排安全员王某负责现场的消防安全管理，王某随后在施工材料的存放、保管上作了严格的防火安全要求，现场设置明显的防火宣传标志，制定了严格的明火使用规定，整个施工阶段未发生安全事故。

【问题】

1. 事件一中，监理工程师的做法是否正确？并说明理由。
2. 施工中脚手架要进行定期检查，检查的主要项目包括什么？
3. 现场高处作业检查评定项目包括哪些？
4. 安全警示牌设置的重要部位有哪些？

## 案例四

【背景资料】

某新建项目在施工过程中发生了下列事件：

**事件一**：施工现场临时用电设备10台，项目经理要求施工员编制临时用电施工组织设计。其中施工配电系统采用"三级配电"模式。

**事件二**：在主体施工阶段，混凝土工程采用钢管支架支撑体系。在装饰装修阶段，项目部使用钢管和扣件临时搭设了一个移动式操作平台，用于顶棚装饰装修作业。该操作平台的台面面积为 $15m^2$，台面距楼地面高4.6m。可以带人移动，且平台未标明承载物料的总重量，所以使用时可以不限荷载。

【问题】

1. 事件一，项目经理的做法是否正确？并说明理由。"三级配电"模式是指什么？
2. 影响模板钢管支架整体稳定性的主要因素有哪些？
3. 现场搭设的移动式操作平台有哪些不合理之处？并写出正确做法。
4. 操作平台作业安全控制要点有哪些？

# 模块四　合同、招投标及成本管理

## 案例一

**【背景资料】**

某新建图书馆工程，建设单位委托招标代理机构对施工单位进行招标。招标活动过程中，发生以下事件：

**事件一**：建设单位修改并发布信息后，有多家单位进行投标。开标后发现：A投标人的投标报价为8000万元，为最低投标价，经评审后推荐其为中标候选人。B投标人在开标后又提交了一份补充说明，提出可以对安全文明施工费降价10%。C投标人与其他投标人组成了联合体投标，附有各方资质证书，但没有联合体共同投标协议书。

**事件二**：最终A单位中标，参照《建设工程施工合同（示范文本）》（GF—2017—0201）与建设单位签订总承包施工合同。

**事件三**：A单位以8000万元为中标价与建设单位签订合同，其主要材料所占比重为60%，预付款总额为合同价款的15%。

**【问题】**

1. 工程建设项目应当具备哪些条件才能进行施工招标？
2. 分析事件一中A、B、C投标人的投标文件是否有效，并说明理由。
3. 写出施工合同文件的组成及解释顺序。
4. 分别计算工程的预付款与起扣点（结果保留两位小数）。

## 案例二

【背景资料】

某公司投资建设一幢商场工程，地下1层、地上5层，建筑面积为12000$m^2$，基础为大体积筏板基础，结构类型为框架结构。经过公开招标投标，A施工企业中标。双方签订了总承包施工合同，合同工期为280d，并约定提前或逾期竣工的奖罚标准为每天5万元。双方签订了固定总价合同。

合同履行中发生了以下事件：

**事件一**：A施工总承包单位在项目管理过程中，由于基底标高需要调整，发包人发出了变更指示。承包人在收到变更指示后的第15d，向监理人提交了变更估价申请，监理人于7d内审查完毕后报送给了发包人。竣工结算时，施工单位将因变更引起的价格调整计入了最后一期进度款中，发包人以未审批该变更估价申请为由拒付此笔款项。

**事件二**：在工程装修阶段，干挂大理石属于甲供材，因厂家自身原因，推迟1个月材料进场，导致施工总工期延长1个月，增加费用为5万元。在2个月后施工结算中，施工单位申请这批费用，甲方拒绝。

【问题】

1. 指出事件一中的不妥之处，并说明理由。
2. 大体积筏板基础施工时控制裂缝的措施是什么？
3. 常用的合同价款方式还包括哪些？
4. 事件二中，施工单位申报的增加费用是否符合约定？结合合同变更条款说明理由。

## 案例三

【背景资料】

某公共建筑工程,建筑面积为18700m²,地下1层,地上12层,现浇钢筋混凝土框架结构。建设单位依法进行招标,投标报价执行《建设工程工程量清单计价规范》(GB 50500—2013)。共有甲、乙、丙等8家单位参加了工程投标。经过公开开标、评标,最后确定甲施工单位中标。建设单位与甲施工单位按照《建设工程施工合同(示范文本)》(GF—2017—0201)签订了施工总承包合同。

合同约定,本工程采取综合单价计价模式;安全文明施工费的措施费包干使用;因建设单位责任引起的工程实体设计变更发生的费用予以调整;工程预付款比例为10%。

工程投标及施工过程中,发生了下列事件:

事件一:在投标过程中,乙施工单位在自行投标总价基础上下浮5%进行报价。评标小组经认真核算,认为乙施工单位报价中的部分费用不符合《建设工程工程量清单计价规范》(GB 50500—2013)中不可作为竞争性费用条款的规定,给予废标处理。

事件二:某土方工程清单工程量为4500m³,投标人投标报价时根据施工方案计算的工程量为6000m³。已知土方开挖定额人工单价为9元/m³,材料单价为10元/m³,施工机械单价为1.6元/m³。管理费取人、材、机之和的8%,利润取人、材、机、管之和的5%。分部分项工程清单合价为8000万元,措施项目清单合价为300万元,暂列金额为50万元,其他项目清单合价为120万元,规费为40万元,税金为80万元。

事件三:施工单位与建设单位签订施工总承包合同后,按照相关的规范进行合同的管理工作。

事件四:某商品混凝土分项工程成本分析资料见表4-1。项目部拟采用因素分析法对混凝土成本进行分析。

表4-1 成本分析资料

| 项目 | 单位 | 目标 | 实际 |
| --- | --- | --- | --- |
| 产量 | m³ | 600 | 620 |
| 单价 | 元/m³ | 700 | 740 |
| 损耗率 | % | 4 | 3 |

【问题】

1. 事件一中,评标小组的做法是否正确?并指出不可作为竞争性费用项目的分别是什么?
2. 事件二中,施工单位所报土方分项工程的综合单价为多少?(单位:元/m³)中标造价是多少万元?预付款为多少万元?(均需列式计算,结果保留两位小数)。
3. 事件三中,施工单位进行合同管理应执行的管理工作有哪些?
4. 分析事件四中,各个因素的变化对混凝土成本的影响程度。

## 案例四

**【背景资料】**

某施工单位作为总承包商,承接一写字楼工程,地上 18 层,地下 2 层,钢筋混凝土框架-剪力墙结构高层建筑。合同规定该工程的开工日期为 2021 年 7 月 1 日,竣工日期为 2022 年 9 月 25 日。施工单位向监理单位报送了该工程的施工组织设计。

施工过程中发生了如下事件:

**事件一:** 施工单位对工程中标造价进行分析,费用情况如下:分部分项工程费为 4800 万元,措施项目费为 576 万元,暂列金额为 222 万元,脚手架费用为 260 万元,规费为 64 万元,税金为 218 万元。

**事件二:** 某分项工程由于设计变更导致该分项工程量变化幅度达 20%,合同专用条款未对变更价款进行约定。施工单位按变更指令施工,在施工结束后的下一月上报支付申请的同时,还上报了该设计变更的变更价款申请,监理工程师不批准变更价款。

**【问题】**

1. 事件一中,施工单位的中标造价是多少万元?
2. 措施项目费通常包括哪些费用?
3. 事件二中,监理工程师不批准变更价款申请是否合理?并说明理由。
4. 合同中未约定变更价款的情况下,变更价款应如何处理?

## 案例五

**【背景资料】**

某建设单位投资兴建一大型商场,地下 2 层,地上 9 层,钢筋混凝土框架结构,建筑面积为 71500m²。经过公开招标,某施工单位中标,中标造价为 3000 万元。双方按照相关规定签订了施工总承包合同。

施工过程中发生了如下事件:

**事件一**:合同中约定工程预付款比例为 10%,并从未完施工工程尚需的主要材料款相当于工程预付款时起扣,主要材料所占比重按 60% 计。

**事件二**:开工后发现,施工资源配置不当,需增加 2 台塔吊,项目部修改了《施工组织设计》,并重新审批后继续施工。

**事件三**:由于建设单位原因,导致某工作(关键工作)停工 8d,专业分包单位当即就停工造成的损失向总承包单位递交索赔报告,索赔误工损失 8 万元和工期损失 8d。总承包单位认为该停工的责任是由建设单位造成的,专业分包单位应直接向建设单位提出索赔,拒收专业分包单位的索赔报告。

**【问题】**

1. 列式计算本工程项目预付款和预付款的起扣点各是多少万元?(计算结果保留两位小数)
2. 除了事件二的情况外,需要修改施工组织设计的情况还有哪些?
3. 事件三中,总承包单位的做法是否正确?并说明理由。专业分包单位可以获得索赔金额和天数各是多少?
4. 写出建筑工程施工成本管理应遵循的程序。

# 模块五 现场管理

## 案例一

【背景资料】

某集团公司机关大楼建设工程位于繁华市区,建筑面积为 80000m²,地上 18 层,地下 3 层,基础为箱型基础,结构类型为框架-剪力墙结构,施工场地狭窄,建筑结构较为复杂。

施工过程中发生了如下事件:

**事件一**:项目经理部按要求对现场进行灭火器的配置,每 200m² 配置 2 个 10L 的灭火器。在 60m² 的木工棚内配备了 2 个灭火器及相关消防辅助工具。安装了临时消防竖管,管径为 70mm,消防竖管作为施工用水管线。

**事件二**:在现场出入口明显处应设置"五牌一图",并按规定设置施工临时用水管理。

**事件三**:合同中约定总造价为 14250 万元,根据人工费和四项主要材料的价格指数对总造价按调值公式法进行调整。固定系数为 0.2,各调值因素的比重、基准和现行价格指数见表 5-1。

表 5-1 调值因素的比重、基准和现行价格指数

| 可调项目 | 人工费 | 材料一 | 材料二 | 材料三 | 材料四 |
|---|---|---|---|---|---|
| 因素比重 | 0.15 | 0.30 | 0.12 | 0.15 | 0.08 |
| 基期价格指数 | 0.99 | 1.01 | 0.99 | 0.96 | 0.78 |
| 现行价格指数 | 1.12 | 1.16 | 0.85 | 0.80 | 1.05 |

【问题】

1. 事件一中存在哪些不妥之处?并分别给出正确做法。
2. 事件二中"五牌一图"是指什么?
3. 临时用水包括什么?
4. 事件三中,列式计算经调整后的实际结算价款应为多少万元?(计算结果保留两位小数)

## 案例二

**【背景资料】**

某施工单位承建位于市中心主干路的办公楼工程,基础为大体积筏板基础,主体为框架-剪力墙结构,地下3层,地上23层。

施工过程中发生以下事件:

**事件一:** 夜间监测噪声值为60dB。施工现场污水顺着城市排水设施排走。工地按要求搭设高度为1.8m的围挡。

**事件二:** 监理在巡视中发现多处未集中堆放的裸露土方,要求立即处理。

**事件三:** 项目经理部定期对现场安全进行检查评定:①现场工人宿舍室内净高2.3m,封闭式窗户,每个房间住20个工人;②现场设置一个出入口,出入口设置办公用房;③场地设置3.8m宽环形载重单车道主干道(兼消防车道),并进行硬化。检查组认为不符合相关要求,对此下发了整改通知单。

**【问题】**

1. 事件一中,指出施工现场实施要点的不妥之处,并写出正确做法。
2. 事件二中,裸露土方如何处理?
3. 事件三中,指出现场布置的不妥之处,并写出正确做法。
4. 安全管理检查评定的内容有哪些?

# 参考答案与解析

## 第一篇　建筑工程技术

### 第一章　建筑工程设计与构造要求
### 第一节　建筑设计构造要求

**考点 1　建筑物分类**

1.【答案】D

【解析】本题考查的是民用建筑分类。单层或多层民用建筑：建筑高度不大于27.0m的住宅建筑（选项A属于）；建筑高度不大于24.0m的公共建筑及建筑高度大于24m的单层公共建筑（选项B、C属于，选项D不属于）。

2.【答案】D

【解析】本题考查的是民用建筑分类。民用建筑按使用功能可分为居住建筑和公共建筑两大类，居住建筑包括住宅建筑和宿舍建筑。

3.【答案】C

【解析】本题考查的是民用建筑分类。公共建筑是供人们进行各种公共活动的建筑，如图书馆、车站、办公楼、电影院、宾馆、医院等。居住建筑包括住宅建筑和宿舍建筑。

4.【答案】D

【解析】本题考查的是民用建筑分类。宾馆属于公共建筑，建筑高度大于24.0m，且不大于100.0m的非单层公共建筑为高层民用建筑。

5.【答案】C

【解析】围护体系由屋面、外墙、门、窗等组成，选项A错误。

一般将结构体系分为上部结构和地下结构：上部结构是指基础以上部分的建筑结构，包括墙、柱、梁、屋顶等；地下结构指建筑物的基础结构，选项B错误。

设备体系包括给水排水系统、供电系统和供热通风系统，选项C正确。

建筑物由结构体系、围护体系和设备体系组成，选项D错误。

6.【答案】C

【解析】本题考查的是建筑的组成。结构体系包括墙、柱、梁、屋顶、基础结构，选项A、D错误。

建筑物的围护体系由屋面、外墙、门、窗等组成，内墙将建筑物内部划分为不同的单元，选项B错误，选项C正确。

7.【答案】B

【解析】本题考查的是建筑的组成。结构体系一般分为上部结构和地下结构：上部结构指基础以上部分的建筑结构，包括墙、柱、梁、屋顶等；地下结构指建筑物的基础结构。

**考点 2　建筑构造要求**

1.【答案】B

【解析】非实行建筑高度控制区内的建筑高度，坡屋顶应按建筑物室外地面至屋檐和屋脊的平均高度计算。题目中室外地面标高为－0.3m，坡屋顶屋檐标高为24.0m，屋顶标高为26.0m，则该工程的建筑高度＝(26.0+24.0)/2+0.3=25.3（m）。

2.【答案】ABCE

【解析】本题考查的是建筑构造的影响因素。建筑构造的影响因素包括荷载因素、环境因素、技术因素、建筑标准。

3.【答案】ABC

【解析】本题考查的是建筑构造的影响因素。技术因素的影响主要指建筑材料、建筑结构、施工方法等技术条件对于建筑建造设计的影响。

4. 【答案】BCDE

   【解析】本题考查的是建筑构造设计的原则。建筑构造设计的原则包括坚固实用、技术先进、经济合理、美观大方。

5. 【答案】B

   【解析】实行建筑高度控制区内的建筑，其建筑高度应按绝对海拔高度控制建筑物室外地面至建筑物和构筑物最高点的高度计算，选项A错误。

   地下室、局部夹层、走道等有人员正常活动的最低处的净高不应小于2m，选项B正确。

   楼梯应至少于一侧设扶手，梯段净宽达三股人流时应两侧设扶手，达四股人流时应加设中间扶手，选项C错误。

   地下室不应布置居室；当居室布置在半地下室时，必须采取满足采光、通风、日照、防潮、防霉及安全防护等要求的措施，选项D错误。

6. 【答案】D

   【解析】本题考查的是民用建筑主要构造要求。非实行建筑高度控制区内，同一座建筑物有多种屋面形式时，分别计算后取最大值，选项D错误。

7. 【答案】D

   【解析】阳台、外廊、室内回廊、内天井、上人屋面及室外楼梯等临空处应设置防护栏杆。临空高度在24m以下时，栏杆高度不应低于1.05m，临空高度在24m及24m以上时，栏杆高度不应低于1.10m，选项D错误。

8. 【答案】D

   【解析】本题考查的是民用建筑主要构造要求。公共建筑室内外台阶踏步宽度不宜小于0.30m，选项D错误。

9. 【答案】ACDE

   【解析】自然排放的烟道或通风道应伸出屋面，平屋面伸出高度不得小于0.60m，选项A正确。

   公共建筑室内外台阶踏步宽度不宜小于0.30m，踏步高度不宜大于0.15m，并不宜小于0.10m，选项B错误。

   砌体墙应在室外地面以上，位于室内地面垫层处设置连续的水平防潮层，选项C正确。

   室内楼梯扶手高度自踏步前缘线量起不宜小于0.90m，选项D正确。

   建筑高度大于100m的民用建筑，应设置避难层（间），选项E正确。

10. 【答案】ABCE

    【解析】上人屋面和交通、商业、旅馆、学校、医院等建筑临开敞中庭的栏杆高度不应低于1.2m，选项A错误。

    阳台、外廊、室内回廊、内天井、上人屋面及室外楼梯等临空处应设置防护栏杆，临空高度在24m以下时，栏杆高度不应低于1.05m；临空高度在24m及24m以上时，栏杆高度不应低于1.10m，选项B、C错误。

    住宅、托儿所、幼儿园、中小学及少年儿童专用活动场所的栏杆必须采用防止攀登的构造，当采用垂直杆件做栏杆时，其杆间的净距不应大于0.11m，选项E错误。

### 考点 3　建筑室内物理环境技术要求

1. 【答案】CE

   【解析】本题考查的是室内环境。公共建筑外窗可开启面积不小于外窗总面积的30%，选项C错误，选项D正确。

   屋顶透明部分的面积不大于屋顶总面积的20%，选项E错误。

2. 【答案】BCD

   【解析】开关频繁、要求瞬时启动和连续调光等场所，宜选用热辐射光源，选项A错误。

   热辐射光源用在居住建筑、开关频繁、不允许有频闪现象的场所，选项B正确。

   有高速运转物体的场所，宜采用混合光源，

选项C正确。

气体放电光源有频闪现象、镇流噪声的缺点，选项D正确。

图书馆存放或阅读珍贵资料的场所，不宜采用具有紫外光、紫光和蓝光等短波辐射的光源，选项E错误。

3.【答案】BCD

【解析】外保温可降低墙或屋顶温度应力的起伏，提高结构的耐久性，可减少防水层破坏，对结构及房屋的热稳定性和防止或减少保温层内部产生水蒸气凝结有利，使热桥处的热损失减少，防止热桥内表面局部结露，选项A错误。

内保温在内外墙连接以及外墙与楼板连接等处产生热桥，选项B正确。

间歇空调的房间宜采用内保温；连续空调的房间宜采用外保温，旧房改造，外保温效果最好，选项C、D正确。

体形系数越大，耗热量比值也越大，选项E错误。

4.【答案】B

【解析】多孔吸声材料包括麻棉毛毡、玻璃棉、岩棉、矿棉等，主要吸中高频声能，选项B错误。

5.【答案】C

【解析】建筑物的高度相同，其平面形式为圆形时体形系数最小，依次为正方形、长方形以及其他组合形式。体形系数越大，耗热量比值也越大。

6.【答案】C

【解析】建筑物的高度相同，其平面形式为圆形时体形系数最小，依次为正方形、长方形以及其他组合形式。体形系数越大，耗热量比值也越大，选项C错误。

7.【答案】A

【解析】内保温在内外墙连接以及外墙与楼板连接等处产生热桥，选项A错误。

8.【答案】ABCE

【解析】围护结构外墙隔热的方法有：外表面采用浅色处理，增设墙面遮阳以及绿化，设置通风间层，内设铝箔隔热层。

### 考点 4 建筑隔震减震设计构造要求

1.【答案】AE

【解析】我国规范抗震设防的目标，简单地说就是"小震不坏、中震可修、大震不倒"。

2.【答案】ACD

【解析】"三个水准"的抗震设防目标：当遭受低于本地区抗震设防烈度的多遇地震影响时，主体结构不受损坏或不需修理仍可继续使用，选项A正确、选项B、E错误。

当遭受相当于本地区抗震设防烈度的地震影响时，可能损坏，经一般性修理仍可继续使用，选项C正确。

当遭受高于本地区抗震设防烈度的罕遇地震影响时，不致倒塌或发生危及生命的严重破坏，选项D正确。

3.【答案】ACE

【解析】震害调查表明，框架结构震害的严重部位多发生在框架梁柱节点和填充墙处；一般是柱的震害重于梁，柱顶的震害重于柱底，角柱的震害重于内柱，短柱的震害重于一般柱。

4.【答案】ACE

【解析】混凝土结构房屋以及钢-混凝土组合结构房屋中，框支梁、框支柱及抗震等级不低于二级，选项B错误。

对于框架结构房屋，应考虑填充墙、围护墙和楼梯构件的刚度影响，避免不合理设置而导致主体结构的破坏，选项D错误。

5.【答案】CD

【解析】砌体结构房屋中的构造柱、芯柱、圈梁及其他各类构件的混凝土强度等级不应低于C25，选项C错误。

对跨度不小于6m的大梁，其支承构件应采用组合砌体等加强措施，并应满足承载力要求，选项D错误。

6.【答案】ABCE

【解析】装配式楼梯段应与平台板的梁可靠连接，8、9度地震设防时不应采用装配式楼梯段；不应采用墙中悬挑式踏步或踏步竖肋插入墙体的楼梯，不应采用无筋砖砌栏板，选项 D 错误。

7. 【答案】ACD
【解析】对于钢结构，消能部件和主体结构构件的总体安装顺序宜采用平行安装法，平面上应从中部向四周开展，竖向应从下向上逐渐进行，选项 A 正确，选项 B 错误。
消能部件的现场安装单元或扩大安装单元与主体结构的连接，宜采用现场原位连接，选项 C 正确。
对于现浇混凝土结构，消能部件和主体结构构件的总体安装顺序宜采用后装法进行，选项 D 正确，选项 E 错误。

8. 【答案】B
【解析】钢筋混凝土构件作为消能器的支撑构件时，其混凝土强度等级不应低于 C30。

9. 【答案】C
【解析】隔震层中隔震支座的设计使用年限不应低于建筑结构的设计使用年限，且不宜低于 50 年。

## 第二节　建筑结构设计与构造要求

### 考点 1　建筑结构体系和可靠性要求

1. 【答案】A
【解析】框架-剪力墙结构中，剪力墙主要承受水平荷载，竖向荷载主要由框架承担。

2. 【答案】A
【解析】框架-剪力墙结构适用于不超过 170m 高的建筑。筒体结构适用于高度不超过 300m 的建筑。

3. 【答案】A
【解析】框架结构主要优点是建筑平面布置灵活，可形成较大的建筑空间，建筑立面处理也比较方便。框架结构主要缺点是侧向刚度较小，当层数较多时，会产生过大的侧移，易引起非结构性构件（如隔墙、装饰等）破坏进而影响使用。

4. 【答案】A

【解析】安全性是指在正常施工和正常使用的条件下，结构应能承受可能出现的各种荷载作用和变形而不发生破坏；在偶然事件发生后，结构仍能保持必要的整体稳定性。例如，厂房结构平时受自重、吊车、风和积雪等荷载作用时，均应坚固不坏，而在遇到强烈地震、爆炸等偶然事件时，容许有局部的损伤，但应保持结构的整体稳定而不发生倒塌。

5. 【答案】C
【解析】某厂房结构遇到爆炸，有局部的损伤，但结构整体稳定并不发生倒塌，满足结构安全性要求，选项 A 错误。
某水下构筑物在正常维护条件下，钢筋受到严重锈蚀，但满足使用年限，满足结构的耐久性要求，选项 B 错误。
适用性是指在正常使用时，结构应具有良好的工作性能，如吊车梁变形过大会使吊车无法正常运行，水池出现裂缝便不能蓄水等，都影响正常使用，需要对变形、裂缝等进行必要的控制，选项 C 正确。
某建筑物遇到强烈地震，虽有局部损伤，但结构整体稳定，满足结构安全性要求，选项 D 错误。

6. 【答案】B
【解析】结构的耐久性是指结构在规定的工作环境中，在预期的使用年限内，在正常维护条件下不需进行大修就能完成预定功能的能力，选项 B 正确。

7. 【答案】C
【解析】一般环境的腐蚀机理是正常大气作用引起的钢筋锈蚀，选项 A 错误。
易于替换的结构构件设计使用年限为 25 年，临时性建筑结构设计使用年限为 5 年，选项 B 错误。
直接接触土体浇筑的构件，其混凝土保护层厚度不应小于 70mm，选项 D 错误。

8. 【答案】B
【解析】影响梁变形的因素除荷载外还有：
(1) 材料性能：与材料的弹性模量 $E$ 成

反比。

(2) 构件的截面：与截面的惯性矩 $I$ 成反比，如矩形截面梁，其截面惯性矩 $I_z = bh^3/12$。

(3) 构件的跨度：与跨度 $l$ 的 $n$ 次方成正比，此因素影响最大。

9. 【答案】D

【解析】影响梁变形的因素除荷载外还有：

(1) 材料性能：与材料的弹性模量 $E$ 成反比。

(2) 构件的截面：与截面的惯性矩 $I$ 成反比，如矩形截面梁，其截面惯性矩 $I_z = bh^3/12$。

(3) 构件的跨度：与跨度 $l$ 的 $n$ 次方成正比，此因素影响最大。

10. 【答案】B

【解析】根据《混凝土结构耐久性设计标准》（GB/T 50476—2019）规定，结构所处环境类别为Ⅱ级时，是处在冻融环境，选项 A 错误。

结构所处环境类别为Ⅲ级时，是处在海洋氯化物环境，选项 B 正确。

结构所处环境类别为Ⅴ级时，是处在化学腐蚀环境，选项 C 错误。

结构所处环境类别为Ⅳ级时，是处在除冰盐等其他氯化物环境，选项 D 错误。

11. 【答案】D

【解析】根据《混凝土结构耐久性设计标准》（GB/T 50476—2019）规定，环境对配筋混凝土结构的作用等级见下表。

| 环境类别 | 环境作用等级 | | | | | |
| --- | --- | --- | --- | --- | --- | --- |
| | A 轻微 | B 轻度 | C 中度 | D 严重 | E 非常严重 | F 极端严重 |
| 一般环境 | Ⅰ—A | Ⅰ—B | Ⅰ—C | | | |
| 冻融环境 | | | Ⅱ—C | Ⅱ—D | Ⅱ—E | |
| 海洋氯化物环境 | | | Ⅲ—C | Ⅲ—D | Ⅲ—E | Ⅲ—F |
| 除冰盐等其他氯化物环境 | | | Ⅳ—C | Ⅳ—D | Ⅳ—E | |
| 化学腐蚀环境 | | | Ⅴ—C | Ⅴ—D | Ⅴ—E | |

### 考点 2　结构设计基本作用（荷载）

1. 【答案】B

【解析】间接作用指在结构上引起外变形和约束变形的其他作用，如温度作用、混凝土收缩、徐变等。

2. 【答案】B

【解析】结构上的作用根据随时间变化的特性分为永久作用、可变作用和偶然作用，其代表值应符合下列规定：

(1) 永久作用应采用标准值。

(2) 可变作用应根据设计要求采用标准值、组合值、频遇值或准永久值。

(3) 偶然作用应按结构设计使用特点确定其代表值。

3. 【答案】C

【解析】将动力荷载简化为静力作用施加于楼面和梁时，应将活荷载乘以动力系数，动力系数不应小于1.1。

### 考点 3　混凝土结构设计构造要求

1. 【答案】ABCE

【解析】钢筋混凝土结构的优点有就地取材、耐久性好、整体性好、可模性好、耐火性好等。

2. 【答案】A

【解析】混凝土结构体系应满足工程的承载能力、刚度和延性性能要求。混凝土结构体系设计应符合下列规定：①不应采用混凝土结构构件与砌体结构构件混合承重的结构体系；②房屋建筑结构应采用双向抗侧力结构体系；③抗震设防烈度为9度的高层建筑，不应采用带转换层的结构、带加强层的结构、错层结构和连体结构。

3. 【答案】ABC

【解析】混凝土结构构件应根据受力状况分别进行正截面、斜截面、扭曲截面、受冲切和局部受压承载力计算。对于承受动力循环作用的混凝土结构或构件，尚应进行构件的疲劳承载力验算。

混凝土结构构件之间、非结构构件与结构构件之间的连接应符合下列规定：①应满足被连接构件之间的受力及变形性能要求；②非结构构件与结构构件的连接应适应主体结构变形需求；③连接不应先于被连接构件破坏。

4. 【答案】CDE

【解析】混凝土结构构件的最小截面尺寸应满足结构承载力极限状态、正常使用极限状态的计算要求，并应满足结构耐久性、防水、防火、配筋构造及混凝土浇筑施工要求，且尚应符合下列规定：①矩形截面框架梁的截面宽度不应小于200mm；②矩形截面框架柱的边长不应小于300mm，圆形截面柱的直径不应小于350mm；③高层建筑剪力墙的截面厚度不应小于160mm，多层建筑剪力墙的截面厚度不应小于140mm；④现浇钢筋混凝土实心楼板的厚度不应小于80mm，现浇空心楼板的顶板、底板厚度均不应小于50mm；⑤预制钢筋混凝土实心叠合楼板的预制底板及后浇混凝土厚度均不应小于50mm。

5. 【答案】C

【解析】素混凝土结构构件的混凝土强度等级不应低于C20，选项A错误。

钢筋混凝土结构构件的混凝土强度等级不应低于C25，选项B错误。

钢-混凝土组合结构构件的混凝土强度等级不应低于C30，选项D错误。

6. 【答案】A

【解析】对受压钢筋，当充分利用其抗压强度并需锚固时，其锚固长度不应小于受拉钢筋锚固长度的70%，选项B错误。

混凝土结构用普通钢筋、预应力筋应具有符合工程结构在承载能力极限状态和正常使用极限状态下需求的强度和延伸率，选项C错误。

当施工中进行混凝土结构构件的钢筋、预应力筋代换时，应符合设计规定的构件承载能力、正常使用、配筋构造及耐久性能要求，并应取得设计变更文件，选项D错误。

### 考点 4 砌体结构设计构造要求

1. 【答案】D

【解析】砌体结构具有如下特点：

（1）容易就地取材，比使用水泥、钢筋和木材造价低。

（2）具有较好的耐久性、良好的耐火性。

（3）保温隔热性能好，节能效果好。

（4）施工方便，工艺简单。

（5）具有承重与围护双重功能。

（6）自重大，抗拉、抗剪、抗弯能力低。

（7）抗震性能差。

（8）砌筑工程量繁重，生产效率低。

2. 【答案】D

【解析】砌体结构中，预制钢筋混凝土板在混凝土圈梁上的支承长度不应小于80mm。

3. 【答案】A

【解析】在建筑工程中，砌体结构主要应用于以承受竖向荷载为主的内外墙体、柱子、基础、地沟等构件。

4. 【答案】ACD

【解析】砌体结构包括砖砌体结构、砌块砌体结构、石砌体结构等。框架-剪力墙结构、剪力墙结构属于钢筋混凝土结构。

5. 【答案】C

【解析】砌体结构施工质量控制等级应根据现场质量管理水平、砂浆和混凝土质量控制、砂浆拌合工艺、砌筑工人技术等级四个要素从高到低分为A、B、C三级，设计工作年限为50年及以上的砌体结构，应为A级或B级。

6. 【答案】A

【解析】圈梁宽度不应小于190mm，高度不应小于120mm，配筋不应小于4φ12，箍筋间距不应大于200mm。砌体结构房屋中的构造柱、芯柱、圈梁及其他各类构件的混凝土强度等级不应低于C25。

### 考点 5　钢结构设计构造要求

1. 【答案】C

【解析】钢结构的耐火性差，当温度达到250℃时，钢结构的材质将会发生较大变化；当温度达到500℃时，结构会瞬间崩溃，完全丧失承载能力。

2. 【答案】ABE

【解析】钢结构具有以下主要优点：
(1) 材料强度高，自重轻，塑性和韧性好，材质均匀。
(2) 便于工厂生产和机械化施工，便于拆卸，施工工期短。
(3) 具有优越的抗震性能。
(4) 无污染、可再生、节能、安全，符合建筑可持续发展的原则。

3. 【答案】CD

【解析】钢结构的缺点是易腐蚀，需经常油漆维护，故维护费用较高。钢结构的耐火性差，当温度达到250℃时，钢结构的材质将会发生较大变化；当温度达到500℃时，结构会瞬间崩溃，完全丧失承载能力。

4. 【答案】ABCE

【解析】建筑型钢通常指热轧成型的角钢、槽钢、工字钢、H型钢和钢管等。

5. 【答案】ABDE

【解析】钢结构承重构件所用的钢材应具有屈服强度、断后伸长率、抗拉强度和磷、硫含量的合格保证，在低温使用环境下尚应具有冲击韧性的合格保证；对焊接结构尚应具有碳或碳当量的合格保证。

6. 【答案】ACD

【解析】当施工方法对结构的内力和变形有较大影响时，应进行施工方法对主体结构影响的分析，并应对施工阶段结构的强度、稳定性和刚度进行验算。

7. 【答案】ABCD

【解析】钢结构承受动荷载且需进行疲劳验算时，严禁使用塞焊、槽焊、电渣焊和气电立焊接头。

### 考点 6　装配式混凝土建筑设计构造要求

1. 【答案】BCDE

【解析】预制剪力墙宜采用一字形，也可采用L形、T形或U形。

2. 【答案】ACDE

【解析】装配式混凝土建筑是建筑工业化最重要的方式，它具有提高质量、缩短工期、节约能源、减少消耗、清洁生产等许多优点。

3. 【答案】D

【解析】装配式混凝土构件的装配方法一般有现场后浇叠合层混凝土、钢筋锚固后浇混凝土连接等，钢筋连接可采用套筒灌浆连接、焊接、机械连接及预留孔洞搭接连接等做法。

## 第二章　主要建筑工程材料性能与应用

### 第一节　常用结构工程材料

### 考点 1　建筑钢材的性能与应用

1. 【答案】B

【解析】钢板材包括钢板、花纹钢板、建筑用压型钢板和彩色涂层钢板等。钢板规格表示方法为"宽度×厚度×长度"（单位为mm）。钢板分厚板（厚度＞4mm）和薄板（厚度≤4mm）两种。厚板主要用于结构，薄板主要用于屋面板、楼板和墙板等。在钢结构中，单块钢板一般较少使用，而是用几块板组合成工字形、箱形等结构形式来承受荷载。

2. 【答案】A

【解析】热轧钢筋是建筑工程中用量最大的钢材品种之一，主要用于钢筋混凝土结构和预应力钢筋混凝土结构的配筋，选项A正确。

3. 【答案】BDE

【解析】国家标准规定，有较高要求的抗震结构适用的钢筋牌号，带肋钢筋牌号后加E（例如：HRB400E、HRBF400E）。该类钢筋除满足强度标准值要求外，还应满足以下要求：

（1）抗拉强度实测值与屈服强度实测值的比值不应小于1.25。

（2）屈服强度实测值与屈服强度标准值的比值不应大于1.30。

（3）最大力总延伸率实测值不应小于9%。

4. 【答案】ABD

【解析】建筑钢材拉伸性能的指标包括屈服强度、抗拉强度和伸长率，选项A、B、D正确。

抗拉强度与屈服强度之比（强屈比）是评价钢材使用可靠性的一个参数，选项C错误。钢材的力学性能包括拉伸性能、冲击性能和疲劳性能，选项E错误。

5. 【答案】C

【解析】钢材在受力破坏前可以经受永久变形的性能，称为塑性。在工程应用中，钢材的塑性指标通常用伸长率表示。

6. 【答案】B

【解析】伸长率是钢材发生断裂时所能承受永久变形的能力。伸长率越大，说明钢材的塑性越大。

7. 【答案】CD

【解析】伸长率越大，说明钢材的塑性越大，选项C错误。

脆性临界温度的数值越低，钢材的低温冲击性能越好，选项D错误。

8. 【答案】ACD

【解析】工艺性能表示钢材在各种加工过程中的行为，包括弯曲性能和焊接性能等。钢材的主要性能包括力学性能和工艺性能。其中力学性能是钢材最重要的使用性能，包括拉伸性能、冲击性能、疲劳性能等，选项C错误。

建筑钢材拉伸性能的指标包括屈服强度、抗拉强度和伸长率，选项A、D错误。

### 考点 2 水泥的性能与应用

1. 【答案】ABE

【解析】普通水泥的主要特性有：

（1）凝结硬化较快、早期强度较高。

（2）水化热较大。

（3）抗冻性较好。

（4）耐热性较差。

（5）耐蚀性较差。

（6）干缩性较小。

选项A、B、E正确。

2. 【答案】AE

【解析】硅酸盐水泥的主要特性有：

（1）凝结硬化快、早期强度高。

（2）水化热大。

（3）抗冻性好。

（4）耐热性差。

（5）耐蚀性差。

（6）干缩性较小。

选项A、E正确。

3. 【答案】BCD

【解析】矿渣水泥的主要特性有：

（1）凝结硬化慢、早期强度低，后期强度增长较快。

（2）水化热较小。

（3）抗冻性差。

（4）耐热性好。

（5）耐蚀性较好。

（6）干缩性较大。

（7）泌水性大、抗渗性差。

选项B、C、D正确。

4. 【答案】BCDE

【解析】火山灰水泥的主要特性有：

（1）凝结硬化慢、早期强度低，后期强度增长较快。

(2) 水化热较小。
(3) 抗冻性差。
(4) 耐热性较差。
(5) 耐蚀性较好。
(6) 干缩性较大。
(7) 抗渗性较好。
选项B、C、D、E正确。

5.【答案】C
【解析】六大水泥中，硅酸盐水泥水化热大，普通水泥的水化热较大，其他水泥的水化热较小。

6.【答案】AD
【解析】常用水泥的主要特性见下表。

| 水泥 | 硅酸盐水泥 | 普通水泥 | 矿渣水泥 | 火山灰水泥 | 粉煤灰水泥 | 复合水泥 |
|---|---|---|---|---|---|---|
| 主要特征 | ①凝结硬化快、早期强度高 ②水化热大 ③抗冻性好 ④耐热性差 ⑤耐蚀性差 ⑥干缩性较小 | ①凝结硬化较快、早期强度较高 ②水化热较大 ③抗冻性较好 ④耐热性较差 ⑤耐蚀性较差 ⑥干缩性较小 | ①凝结硬化慢、早期强度低，后期强度增长较快 ②水化热较小 ③抗冻性差 ④耐热性较好 ⑤耐蚀性较好 ⑥干缩性较大 ⑦泌水性大、抗渗性差 | ①凝结硬化慢、早期强度低，后期强度增长较快 ②水化热较小 ③抗冻性差 ④耐热性较差 ⑤耐蚀性较好 ⑥干缩性较大 ⑦抗渗性较好 | ①凝结硬化慢、早期强度低，后期强度增长较快 ②水化热较小 ③抗冻性差 ④耐热性较好 ⑤耐蚀性较好 ⑥干缩性较大 ⑦抗裂性较高 | ①凝结硬化慢、早期强度低，后期强度增长较快 ②水化热较小 ③抗冻性差 ④耐蚀性较好 ⑤其他性能与所掺入的两种或两种以上混合材料的种类、掺量有关 |

7.【答案】C
【解析】硅酸盐水泥的终凝时间不得长于6.5h；其他五类常用水泥的终凝时间不得长于10h。

8.【答案】B
【解析】国家标准规定，六大常用水泥的初凝时间均不得短于45min。

9.【答案】D
【解析】水泥的初凝时间是从水泥加水拌合至水泥浆开始失去可塑性所需的时间，选项A错误。

六大常用水泥的初凝时间均不得短于45min，选项B错误。

水泥中的碱含量太高更容易产生碱骨料反应，选项C错误。

水泥的体积安定性不良，会使混凝土构件产生膨胀性裂缝，选项D正确。

10.【答案】ABD
【解析】常用水泥的技术要求有：凝结时间、体积安定性、强度及强度等级、其他技术要求。其他技术要求包括标准稠度用水量、水泥的细度及化学指标。水泥的细度属于选择性指标。混凝土拌合物的和易

性是一项综合的技术性质，包括流动性、黏聚性和保水性三方面的含义。选项A、B、D不属于常用水泥技术指标。

### 考点 3　混凝土及组成材料的性能与应用

1.【答案】C
【解析】混凝土强度等级是按混凝土立方体抗压标准强度来划分的，采用符号C与立方体抗压强度标准值（单位为MPa）表示。C30即表示混凝土立方体抗压强度标准值$30\mathrm{MPa} \leqslant f_{cu,k} < 35\mathrm{MPa}$。

2.【答案】C
【解析】影响混凝土强度的因素主要有原材料及生产工艺。原材料方面的因素包括：水泥强度与水胶比，骨料的种类、质量和数量，外加剂和掺合料；生产工艺方面的因素包括：搅拌与振捣，养护的温度和湿度，龄期。

3.【答案】CE
【解析】影响混凝土强度的因素主要有原材料及生产工艺。原材料方面的因素包括：水泥强度与水胶比，骨料的种类、质量和数量，外加剂和掺合料；生产工艺方面的因素

包括：搅拌与振捣，养护的温度和湿度，龄期。

4.【答案】BDE
【解析】混凝土的技术性能包括混凝土的和易性、强度和耐久性。

5.【答案】AD
【解析】混凝土的耐久性是一个综合性概念，包括抗渗、抗冻、抗侵蚀、碳化、碱骨料反应及混凝土中的钢筋锈蚀等性能，这些性能均决定着混凝土经久耐用的程度，故称为耐久性。

6.【答案】BE
【解析】混凝土的技术性能包括混凝土的和易性、强度和耐久性。和易性是一项综合性技术性质，包括流动性、黏聚性和保水性三方面的含义。

7.【答案】D
【解析】若减水的同时适当减少水泥用量，则可节约水泥，同时混凝土的耐久性也能得到显著改善，选项A、C错误。
当减水而不减少水泥时，可提高混凝土强度而不是和易性，选项B错误。
混凝土中掺入减水剂，若不减少拌合用水量，能显著提高拌合物的流动性，选项D正确。

8.【答案】BCD
【解析】泵送剂是改善混凝土拌合物流变性能的外加剂，选项A错误。
改善混凝土耐久性的外加剂包括引气剂、防水剂和阻锈剂等，选项B、C、D正确。
速凝剂是调节混凝土凝结时间、硬化性能的外加剂，选项E错误。

9.【答案】BCDE
【解析】缓凝剂主要用于高温季节混凝土、大体积混凝土、泵送与滑模方法施工以及远距离运输的商品混凝土等，不宜用于日最低气温5℃以下施工的混凝土，也不宜用于有早强要求的混凝土和蒸汽养护混凝土。蒸养混凝土是为了混凝土的早强，和缓凝剂的功能相反，选项A错误。

10.【答案】AB
【解析】缓凝剂主要用于高温季节混凝土、大体积混凝土、泵送与滑模方法施工以及远距离运输的商品混凝土等，选项A、B错误。
引气剂可改善混凝土拌合物的和易性，减少泌水离析，并能提高混凝土的抗渗性和抗冻性，选项C正确。
早强剂可加速混凝土硬化和早期强度发展，缩短养护周期，加快施工进度，提高模板周转率，多用于冬期施工或紧急抢修工程，选项D正确。
掺加减水剂，若减水的同时适当减少水泥用量，则可节约水泥，同时混凝土的耐久性也能得到显著改善，选项E正确。

11.【答案】CE
【解析】用于混凝土中的掺合料可分为活性矿物掺合料和非活性矿物掺合料两大类。非活性矿物掺合料一般与水泥组分不起化学作用，或化学作用很小，如磨细石英砂、石灰石、硬矿渣之类的材料。活性矿物掺合料虽然本身不水化或水化速度很慢，但能与水泥水化生成的$Ca(OH)_2$反应，生成具有水硬性的胶凝材料，如粒化高炉矿渣、火山灰质材料、粉煤灰、硅粉、钢渣粉、磷渣粉等，选项C、E正确。

### 考点 4　砌体材料的性能和应用

1.【答案】C
【解析】砂浆的组成材料包括胶凝材料、细骨料、掺合料、水和外加剂。

2.【答案】D
【解析】建筑砂浆常用的胶凝材料有水泥、石灰、石膏等。

3.【答案】A
【解析】砂浆强度等级是以边长为70.7mm的立方体试件，在标准养护条件下，用标准试验方法测得28d龄期的抗压强度值（单位为MPa）确定。

4.【答案】C

【解析】砂浆的流动性指砂浆在自重或外力作用下流动的性能，用稠度表示。稠度是以砂浆稠度测定仪的圆锥体沉入砂浆内的深度（单位 mm）表示。圆锥沉入深度越大，砂浆的流动性越大。

5. 【答案】C
【解析】砌筑水泥代号为 M，强度等级分为 12.5、22.5、32.5 三个等级。

6. 【答案】ABDE
【解析】影响砂浆强度的因素很多，除了砂浆的组成材料、配合比、施工工艺、施工及硬化时的条件等因素外，砌体材料的吸水率也会对砂浆强度产生影响。

7. 【答案】A
【解析】砌筑砂浆的强度等级可分为 M30、M25、M20、M15、M10、M7.5、M5 七个等级。

8. 【答案】B
【解析】砌筑砂浆的强度用强度等级来表示。砂浆强度等级是以边长为 70.7mm 的立方体试件，在标准养护条件下，用标准试验方法测得 28d 龄期的抗压强度值（单位为 MPa）确定，选项 A 正确。
立方体试件以 3 个为一组进行评定，选项 B 错误。
以 3 个试件测值的算术平均值作为该组试件的砂浆立方体试件抗压强度平均值（$f_2$）（精确至 0.1MPa），选项 C 正确。
当 3 个测值的最大值或最小值中如有 1 个与中间值的差值超过中间值的 15% 时，则把最大值及最小值一并舍去，取中间值作为该组试件的抗压强度值；如果两个测值与中间值的差值均超过中间值的 15% 时，则该组试件的试验结果无效，选项 D 正确。

9. 【答案】D
【解析】空心率大于或等于 25% 的砌块为空心砌块。

10. 【答案】CD
【解析】普通混凝土小型空心砌块作为烧结砖的替代材料，可用于承重结构和非承重结构，选项 C 错误。
混凝土砌块的吸水率小（一般为 14% 以下），吸水速度慢，砌筑前不允许浇水，但在气候特别干燥炎热时，可在砌筑前稍喷水湿润，选项 D 错误。

11. 【答案】C
【解析】与普通混凝土小型空心砌块相比，轻骨料混凝土小型空心砌块密度较小、热工性能较好，但干缩值较大，使用时更容易产生裂缝。

12. 【答案】B
【解析】蒸压加气混凝土砌块广泛用于一般建筑物墙体，还用于多层建筑物的非承重墙及隔墙，也可用于低层建筑的承重墙。体积密度级别低的砌块还用于屋面保温。

### 第二节　常用建筑装饰装修和防水、保温材料

#### 考点 1　饰面板材和陶瓷的特性和应用

1. 【答案】B
【解析】大理石由于耐酸腐蚀能力较差，除个别品种外，一般只适用于室内。

2. 【答案】CD
【解析】花岗石构造致密、强度高、密度大、吸水率极低、质地坚硬、耐磨，为酸性石材；因此其耐酸、抗风化、耐久性好，使用年限长。

3. 【答案】ADE
【解析】大理石质地较密实、抗压强度较高、吸水率低、质地较软，属中硬石材；大理石由于耐酸腐蚀能力较差，除个别品种外，一般只适用于室内。

4. 【答案】C
【解析】天然大理石板材按板材的加工质量和外观质量分为 A、B、C 三级。

5. 【答案】B
【解析】便器的名义用水量限定了各种产品的用水上限，其中普通型坐便器和节水型坐便器的用水上限分别为不大于 6.4L 和 5.0L。

6. 【答案】C

【解析】蹲便器普通型用水上限分别不大于8.0L（单冲式）和6.4L（双冲式），节水型不大于6.0L。

#### 考点 2　木材和木制品的特性和应用

1. 【答案】B

   【解析】湿胀干缩变形会影响木材的使用特性。干缩会使木材翘曲，开裂，接榫松动，拼缝不严；湿胀可造成表面鼓凸，选项B错误。所以木材在加工或使用前应预先进行干燥，使其含水率达到或接近与环境湿度相适应的平衡含水率。

2. 【答案】D

   【解析】木材的变形在各个方向上不同：顺纹方向最小，径向较大，弦向最大。

3. 【答案】B

   【解析】影响木材物理力学性质和应用的最主要的含水率指标是纤维饱和点和平衡含水率。平衡含水率是在一定的湿度和温度条件下，木材中的水分与空气中的水分不再进行交换而达到稳定状态时的含水率；纤维饱和点是木材物理力学性质是否随含水率而发生变化的转折点，选项B错误。

4. 【答案】B

   【解析】强化地板（浸渍纸层压木质地板）适用于会议室、办公室、高清洁度的实验室等，也可以用于中档、高档宾馆、饭店及民用住宅的地面装修，但不适用于浴室、卫生间等潮湿的场所。

5. 【答案】ABC

   【解析】软木地板按表面涂饰形式分为未涂饰软木地板、涂饰软木地板、油饰软木地板；按使用场所分为商用软木地板、家用软木地板。

6. 【答案】A

   【解析】软木地板其特点为绝热、隔振、防滑、防潮、阻燃、耐水、不霉变、不易翘曲和开裂、脚感舒适、有弹性。原料为栓皮栎橡树的树皮，可再生，属于绿色建材。

#### 考点 3　建筑玻璃的特性和应用

1. 【答案】B

   【解析】3～5mm的净片玻璃一般直接用于有框门窗的采光，8～12mm的平板玻璃可用于隔断、橱窗、无框门。

2. 【答案】AE

   【解析】安全玻璃包括钢化玻璃、均质钢化玻璃、防火玻璃和夹层玻璃。未经深加工的平板玻璃，也称净片玻璃，可产生明显的"暖房效应"，选项A错误。
   镀膜玻璃属于节能装饰型玻璃，选项E错误。

3. 【答案】ABC

   【解析】安全玻璃包括钢化玻璃、均质钢化玻璃、防火玻璃和夹层玻璃；节能装饰型玻璃包括着色玻璃、镀膜玻璃和中空玻璃。

4. 【答案】D

   【解析】夹层玻璃透明度好，抗冲击性能高，玻璃破碎不会散落伤人。适用于高层建筑的门窗、天窗、楼梯栏板和有抗冲击作用要求的商店、银行、橱窗、隔断及水下工程等安全性能高的场所或部位等。

5. 【答案】C

   【解析】夹层玻璃适用于高层建筑的门窗、天窗、楼梯栏板和有抗冲击作用要求的商店、银行、橱窗、隔断及水下工程等安全性能高的场所或部位等。

6. 【答案】D

   【解析】着色玻璃是一种既能显著地吸收阳光中的热射线，又能保持良好透明度的节能装饰性玻璃，也称为着色吸热玻璃。一般多用作建筑物的门窗或玻璃幕墙。

7. 【答案】ABE

   【解析】低辐射膜玻璃一般不单独使用，往往与净片玻璃、浮法玻璃、钢化玻璃等配合，制成高性能的中空玻璃。

#### 考点 4　防水材料的特性和应用

1. 【答案】D

   【解析】SBS、APP改性沥青防水卷材具有不透水性能强，抗拉强度高，延伸率大，耐高低温性能好，施工方便等特点。TPO防水卷材具有超强的耐紫外线、耐自然老化能力，优异的抗穿刺性能，高撕裂强度、高断裂延伸性等特点，主要适用于工业与民用建筑及公共建筑的各类屋面防水工程。

2. 【答案】C

【解析】SBS、APP改性沥青防水卷材具有不透水性能强，抗拉强度高，延伸率大，耐高低温性能好，施工方便等特点。TPO防水卷材具有超强的耐紫外线、耐自然老化能力，优异的抗穿刺性能，高撕裂强度、高断裂延伸性等特点，主要适用于工业与民用建筑及公共建筑的各类屋面防水工程。自粘复合防水卷材具有强度高、延伸性强，自愈性好，施工简便、安全性高等特点（选项C正确）。聚乙烯丙纶（涤纶）防水卷材具有优良的机械强度、抗渗性能、低温性能、耐腐蚀性和耐候性。

3. 【答案】C

【解析】水泥基渗透结晶型防水涂料是一种刚性防水材料，而非柔性防水材料（选项C错误）。具有独特的呼吸、防腐、耐老化、保护钢筋能力，环保、无毒、无公害，施工简单、节省人工等特点。

4. 【答案】B

【解析】刚性防水材料包括防水混凝土、防水砂浆，水泥基渗透结晶型防水涂料也是一种刚性防水材料。聚氨酯防水涂料素有"液体橡胶"的美誉，使用聚氨酯防水涂料进行防水工程施工，涂刷后形成的防水涂膜耐水、耐碱、耐久性优异，粘结性良好，柔韧性强。

5. 【答案】B

【解析】建筑密封材料是一些能使建筑上的各种接缝或裂缝、变形缝（沉降缝、伸缩缝、抗震缝）保持水密、气密性能，并且具有一定强度，能连接结构件的填充材料。常用的建筑密封材料有硅酮、聚氨酯、丙烯酸酯等密封材料。

### 考点 5 保温隔热材料的特性和应用

1. 【答案】B

【解析】影响保温材料导热系数的因素包括：材料的性质；表观密度与孔隙特征；湿度；温度；热流方向。

2. 【答案】A

【解析】聚氨酯泡沫塑料主要性能特点有：保温性能好；防水性能优异；防火阻燃性能好；使用温度范围广；耐化学腐蚀性好；使用方便。绝热性是改性酚醛泡沫塑料主要性能特点之一。

3. 【答案】D

【解析】改性酚醛泡沫塑料主要性能特点有：绝热性；耐化学溶剂腐蚀性；吸声性能；吸湿性；抗老化性；阻燃性；抗火焰穿透性。防水性能优异是聚氨酯泡沫塑料主要性能特点之一。

4. 【答案】C

【解析】聚苯乙烯泡沫塑料具有重量轻、隔热性能好、隔声性能优、耐低温性能强的特点，还具有一定弹性、低吸水性和易加工等优点，广泛应用于建筑外墙外保温和屋面的隔热保温系统。

5. 【答案】ACD

【解析】岩棉、矿渣棉制品的燃烧性能为不燃材料，选项B错误。

岩棉、矿渣棉制品的性能特点：优良的绝热性、使用温度高、防火不燃、较好的耐低温性、长期使用稳定性、吸声、隔声、对金属无腐蚀性等，选项E错误。

## 第三章　建筑工程施工技术
### 第一节　施工测量放线

### 考点 1 常用测量仪器的性能与应用

1. 【答案】C

【解析】钢尺主要作用是距离测量，钢尺量距是目前楼层测量放线最常用的距离测量方法。

2. 【答案】D

【解析】钢尺量距时应使用拉力计，拉力与检定时一致。距离丈量结果中应加入尺长、温度、倾斜等改正数。

3. 【答案】ACD

【解析】钢尺是采用经过一定处理的优质钢制成的带状尺，长度通常有20m、30m和50m等几种，卷放在金属架上或圆形盒内。钢尺按零点位置分为端点尺和刻线尺。

4. 【答案】ABC

【解析】水准仪主要由望远镜、水准器和基座三部分组成。

5. 【答案】CDE

【解析】经纬仪主要由照准部、水平度盘和基座三部分组成。

6. 【答案】D

【解析】在工程中常用的经纬仪有DJ2和DJ6两种。其中，DJ6型进行普通等级测量，而DJ2型则可进行高等级测量工作。

7. 【答案】B

【解析】经纬仪是一种能进行水平角和竖直角测量的仪器，它还可以借助水准尺，利用视距测量原理，测出两点间的大致水平距离和高差，也可以进行点位的竖向传递测量。

8. 【答案】D

【解析】激光铅直仪主要用来进行点位的竖向传递，如高层建筑施工中轴线点的竖向投测等。除激光铅直仪外，有的工程也采用激光经纬仪来进行点位的竖向传递测量。

9. 【答案】B

【解析】全站仪具有操作方便、快捷、测量功能全等特点，使用全站仪测量时，在测站上安置好仪器后，除照准需人工操作外，其余操作可以自动完成，而且几乎是在同一时间测得平距、高差、点的坐标和高程。

10. 【答案】ACD

【解析】全站仪又称全站型电子速测仪，是一种可以同时进行角度测量和距离测量的仪器，由电子测距仪、电子经纬仪和电子记录装置三部分组成。

### 考点 2　施工测量放线的内容与方法

1. 【答案】C

【解析】一般建筑工程，通常先布设施工控制网，再以施工控制网为基础，开展建筑物轴线测量和细部放样等施工测量工作。

2. 【答案】ABCE

【解析】施工测量现场主要工作有：施工控制网的建立、已知长度的测设、已知角度的测设、建筑物细部点平面位置的测设、建筑物细部点高程位置及倾斜线的测设等。

3. 【答案】B

【解析】极坐标法适用于测设点靠近控制点，便于量距的地方。用极坐标法测定一点的平面位置时，系在一个控制点上进行，但该点必须与另一控制点通视。选项B错误。

4. 【答案】C

【解析】列式计算水准仪前视P点木桩水准尺的读数$b$，即$b = H_A + a - H_P$，将各数据代入上式得：$b = 81.345 + 1.458 - 81.500 = 1.303$（m）。

5. 【答案】D

【解析】根据题意列式，$H_B + a = H_A + b$，则$H_B = H_A + b - a$。

6. 【答案】C

【解析】前视点高程＋前视读数＝后视高程＋后视读数，则$12.000 + 4.500 = H_N + 3.500$，$H_N = 13.000$（m）。

7. 【答案】ABCD

【解析】结构施工测量的主要内容包括：主轴线内控基准点的设置，施工层的放线与抄平，建筑物主轴线的竖向投测，施工层标高的竖向传递等。

8. 【答案】A

【解析】标高的竖向传递，宜采用钢尺从首层起始标高线垂直量取，规模较小的工业建筑或多层民用建筑宜从2处分别向上传递，规模较大的工业建筑或高层建筑宜从3处分别向上传递。

9. 【答案】B

【解析】轴线竖向投测前，应检测基准点，确保其位置正确，每层投测的允许偏差应在3mm以内，并逐层纠偏。

## 第二节 地基与基础工程施工

### 考点 1 基坑支护工程施工

1.【答案】B

【解析】本题考查的是基坑支护结构安全等级及重要系数，见下表。

| 安全等级 | 破坏后果 | 重要性系数 $\gamma_0$ |
|---|---|---|
| 一级 | 支护结构失效、土体过大变形对基坑周边环境或主体结构施工安全的影响很严重 | 1.10 |
| 二级 | 支护结构失效、土体过大变形对基坑周边环境或主体结构施工安全的影响严重 | 1.00 |
| 三级 | 支护结构失效、土体过大变形对基坑周边环境或主体结构施工安全的影响不严重 | 0.90 |

2.【答案】ABC

【解析】本题考查的是浅基坑支护。常见的浅基坑支护形式有锚拉支撑、型钢桩横挡板支撑、短桩横隔板支撑、临时挡土墙支撑、挡土灌注桩支护。水泥土重力式围护墙与土钉墙属于深基坑支护形式。

3.【答案】AB

【解析】本题考查的是深基坑支护。灌注桩排桩支护适用条件：基坑侧壁安全等级为一级、二级、三级；适用于可采取降水或止水帷幕的基坑。地下连续墙支护适用条件：基坑侧壁安全等级为一级、二级、三级；适用于周边环境条件很复杂的深基坑。土钉墙适用条件：基坑侧壁安全等级为二级、三级。内支撑与锚杆（索）属于支护结构围护墙的支撑形式。

### 考点 2 土方与人工降排水施工

1.【答案】C

【解析】土方工程施工前，应采取有效的地下水控制措施。基坑内地下水位应降至拟开挖下层土方的底面以下不小于0.5m。

2.【答案】B

【解析】有支护土方工程可采用中心岛式（也称墩式）挖土、盆式挖土和逆作法挖土等方法。无支护土方工程采用放坡挖土。

3.【答案】C

【解析】采用盆式挖土方法时，周边预留的土坡对围护结构有支撑作用，有利于减少围护结构的变形。其缺点是大量的土方不能直接外运，需集中提升后装车外运。

4.【答案】A

【解析】当基坑开挖深度不大、周围环境允许，经验算能确保土坡的稳定性时，可采用放坡开挖。

5.【答案】ABC

【解析】当基坑开挖深度不大、周围环境允许，经验算能确保边坡的稳定性时，可采用放坡开挖。

6.【答案】C

【解析】填方土料应符合设计要求，保证填方的强度和稳定性。一般不能选用淤泥、淤泥质土、膨胀土、有机质大于5%的土、含水溶性硫酸盐大于5%的土、含水量不符合压实要求的黏性土。碎石土、砂土以及含水量符合压实要求的黏性土都可以用作土方回填。

7.【答案】D

【解析】每层虚铺厚度应根据夯实机械确定，一般情况下每层虚铺厚度见下表。

| 压实机具 | 分层厚度/mm | 每层压实遍数 |
|---|---|---|
| 平碾 | 250～300 | 6～8 |
| 振动压实机 | 250～350 | 3～4 |
| 柴油打夯机 | 200～250 | 3～4 |
| 人工打夯 | <200 | 3～4 |

8.【答案】ABCD

【解析】填土应从场地最低处开始，由下而上整个宽度分层铺填，选项A正确。填土应尽量采用同类土填筑，选项B正确。填方应在相对两侧或周围同时进行回填和夯实，选项C正确。

填方的边坡坡度应根据填方高度、土的种类和其重要性确定，选项D正确。

对使用时间较长的临时性填方边坡坡度，当填方高度小于10m时，可采用1∶1.5；超过10m，可作成折线形，上部采用1∶1.5，下部采用1∶1.75，选项E错误。

9. 【答案】A

【解析】在软土地区基坑开挖深度超出3m时，一般可采用井点降水。

10. 【答案】B

【解析】排水明沟宜布置在拟建建筑基础边0.4m以外，沟边缘离开边坡坡脚应不小于0.5m。排水明沟的底面应比挖土面低0.3～0.4m。集水井底面应比沟底面低0.5m以上，并随基坑的挖深而加深，以保持水流畅通。

11. 【答案】A

【解析】采用回灌井点时，回灌井点与降水井点的距离不宜小于6m。回灌井点的间距应根据降水井点的间距和被保护建（构）筑物的平面位置确定。

12. 【答案】ABC

【解析】为防止或减少降水对周围环境的影响，避免产生过大的地面沉降，可采取下列技术措施：采用回灌技术；采用砂沟、砂井回灌；减缓降水速度。

### 考点 3 基坑验槽的方法与要求

1. 【答案】ABCD

【解析】验槽程序：在施工单位自检合格的基础上进行，施工单位确认自检合格后提出验收申请；由总监理工程师或建设单位项目负责人组织建设、监理、勘察、设计及施工单位的项目负责人、技术质量负责人，共同按设计要求和有关规定进行。

2. 【答案】BD

【解析】基坑验槽由总监理工程师或建设单位项目负责人组织建设、监理、勘察、设计及施工单位的项目负责人、技术质量负责人，共同按设计要求和有关规定进行。

3. 【答案】C

【解析】打钎时，同一工程应钎径一致、锤重一致、用力（落距）一致。每贯入30cm，记录一次锤击数。

4. 【答案】A

【解析】地基验槽内容：槽壁、槽底的土质情况，验证基槽开挖深度，初步验证基底部土质是否与勘察报告相符，观察槽底土质结构是否受到人为破坏；验槽时应重点观察柱基、墙角、承重墙下或其他受力较大部位，如有异常部位，要会同勘察、设计等有关单位进行处理。

5. 【答案】B

【解析】地基验槽通常采用观察法，对于基底以下的土层不可见部位，通常采用钎探法。

6. 【答案】ABE

【解析】遇到下列情况之一时，应在基底进行轻型动力触探：

（1）持力层明显不均匀。

（2）局部有软弱下卧层。

（3）有浅埋的坑穴、古墓、古井等，直接观察难以发现时。

（4）勘察报告或设计文件规定应进行轻型动力触探时。

### 考点 4 常见地基处理方法应用

1. 【答案】D

【解析】换填地基适用于浅层软弱土层或不均匀土层的地基处理。按其回填的材料不同可分为素土、灰土地基，砂和砂石地基，粉煤灰地基等。换填厚度由设计确定，一般宜为0.5～3m。

2. 【答案】A

【解析】换填地基压实标准要求：换填材料为灰土、粉煤灰时，压实系数≥0.95；其他材料时，压实系数≥0.97。

3. 【答案】C

【解析】强夯和强夯置换施工前，应在施工现场有代表性的场地上选取一个或几个试验区，进行试夯或试验性施工。每个试验区面积不宜小于20m×20m。

### 考点 5 混凝土桩基础施工

1.【答案】ABC

【解析】钢筋混凝土预制桩打（沉）桩施工方法通常有锤击沉桩法、静力压桩法及振动法等，以锤击沉桩法和静力压桩法应用最为普遍。

2.【答案】D

【解析】泥浆护壁法钻孔灌注桩施工工艺流程：场地平整→桩位放线→开挖浆池、浆沟→护筒埋设→钻机就位、孔位校正→成孔、泥浆循环、清除废浆、泥渣→第一次清孔→质量验收→下钢筋笼和钢导管→第二次清孔→水下浇筑混凝土→成桩。

3.【答案】B

【解析】静力压桩法一般的施工程序：测量定位→桩机就位→吊桩、插桩→桩身对中调直→静压沉桩→接桩→再静压沉桩→送桩→终止压桩→转移桩机。

### 考点 6 混凝土基础施工

1.【答案】D

【解析】混凝土基础的主要形式有条形基础、单独基础、筏形基础和箱形基础等。

2.【答案】A

【解析】条形基础浇筑应根据基础深度宜分段分层连续浇筑混凝土，一般不留施工缝。各段层间应至少在初凝前相互衔接，每段间浇筑长度控制在2000～3000mm距离，做到逐段逐层呈阶梯形向前推进。

3.【答案】C

【解析】条形基础浇筑应根据基础深度宜分段分层连续浇筑混凝土，一般不留施工缝。各段层间应至少在初凝前相互衔接，每段间浇筑长度控制在2000～3000mm距离，做到逐段逐层呈阶梯形向前推进，选项C错误。

4.【答案】B

【解析】条形基础一般根据基础深度分段分层连续浇筑，设备基础一般应分层浇筑，并保证上下层之间不形成施工缝，每层混凝土的厚度为300～500mm。

5.【答案】ACD

【解析】大体积混凝土裂缝控制：

(1) 优先选用低水化热的矿渣水泥拌制混凝土，并适当使用缓凝减水剂。

(2) 在保证混凝土设计强度等级的前提下，适当降低水胶比，减少水泥用量。选项B错误。

(3) 降低混凝土的入模温度，控制混凝土内外的温差。如降低拌合水温度、骨料用水冲洗降温等。选项E错误。

(4) 及时对混凝土覆盖保温、保湿材料。

(5) 可在基础内预埋冷却水管，通入循环水，强制降低混凝土水化热产生的温度。

(6) 设置后浇缝，以减小外应力和温度应力。

(7) 大体积混凝土可采用二次抹面工艺，减少表面收缩裂缝。

6.【答案】B

【解析】保温覆盖层的拆除应分层逐步进行，当混凝土的表面温度与环境最大温差小于20℃时，可全部拆除。

7.【答案】B

【解析】大体积混凝土浇筑完毕后，在终凝前加以覆盖和浇水进行保温保湿养护。采用普通硅酸盐水泥拌制的混凝土养护时间不得少于14d。

8.【答案】C

【解析】本题考查的是大体积混凝土施工温控指标。大体积混凝土施工温控指标应符合下列规定：

(1) 混凝土浇筑体的入模温度不宜大于30℃，最大温升值不宜大于50℃。

(2) 混凝土浇筑块体的里表温差（不含混凝土收缩的当量温度）不宜大于25℃。

(3) 混凝土浇筑体的降温速率不宜大于2.0℃/d。

(4) 混凝土浇筑体表面与大气温差不宜大

于20℃。

## 第三节 主体结构工程施工

### 考点 1 混凝土结构工程施工

1. 【答案】ABD
   【解析】模板工程设计的安全性：要具有足够的强度、刚度和稳定性，保证施工中不变形、不破坏、不倒塌。

2. 【答案】B
   【解析】模板工程设计的主要原则为实用性、安全性、经济性。耐久性属于混凝土的技术要求。

3. 【答案】AB
   【解析】大模板体系优点是模板整体性好、抗震性强、无拼缝等；缺点是模板重量大，移动安装需起重机械吊运。

4. 【答案】CDE
   【解析】模板及支架设计应包括的主要内容：
   （1）模板及支架的选型及构造设计。
   （2）模板及支架上的荷载及其效应计算。
   （3）模板及支架的承载力、刚度验算。
   （4）模板及支架的抗倾覆验算。
   （5）绘制模板及支架施工图。

5. 【答案】C
   【解析】应控制模板起拱高度，消除在施工中因结构自重、施工荷载作用引起的挠度。对不小于4m的现浇钢筋混凝土梁、板，其模板应按设计要求起拱。设计无要求时，起拱高度宜为跨度的1/1000～3/1000，即0.9～2.7cm。

6. 【答案】C
   【解析】本题考查的是模板的拆除。跨度为6m的钢筋混凝土梁，当设计无要求时，拆模强度不应小于设计的混凝土强度标准值的75%。30×75%＝22.5（MPa），第11d满足要求。

7. 【答案】ABDE
   【解析】当混凝土强度能保证其表面及棱角不受损伤时，方可拆除侧模，选项A正确。跨度不大于8m的梁、拱、壳底模拆除时，其混凝土强度应达到设计的混凝土立方体抗压强度标准值的75%以上，选项B正确。
   模板拆除时，拆模的顺序和方法应按模板的设计规定进行，当设计无规定时，采取先支的后拆、后支的先拆，先拆非承重模板、后拆承重模板的顺序，并应从上而下进行拆除，选项C错误。
   在浇筑混凝土前，木模板应浇水润湿，但模板内不应有积水，选项D正确。
   后浇带的模板及支架应独立设置，选项E正确。

8. 【答案】ABD
   【解析】在混凝土浇筑前，木模板应浇水润湿，但模板内不应有积水，选项C错误。
   在确保工程质量、安全和工期的前提下，尽量减少一次性投入，增加模板周转次数，减少支拆用工，实现文明施工，选项E错误。

9. 【答案】AE
   【解析】各种钢筋下料长度计算如下：直钢筋下料长度＝构件长度－保护层厚度＋弯钩增加长度，选项A正确。
   弯起钢筋下料长度＝直段长度＋斜段长度－弯曲调整值＋弯钩增加长度，选项B错误。
   为使钢筋满足设计要求的形状和尺寸，需要对钢筋进行弯折，而弯折后钢筋各段的长度总和并不等于其在直线状态下的长度，所以要对钢筋剪切下料长度加以计算，选项C错误，选项E正确。
   箍筋下料长度＝箍筋周长＋箍筋调整值，选项D错误。

10. 【答案】D
    【解析】钢筋绑扎连接的情况：当受拉钢筋直径大于25mm，受压钢筋直径大于28mm时，不宜采用绑扎搭接接头；轴心受拉及小偏心受拉杆件（如桁架和拱架的拉杆等）的纵向受力钢筋均不得采用绑扎搭接接头。

11. 【答案】BDE
    【解析】钢筋除锈：一是在钢筋冷拉或调直过程中除锈；二是可采用机械除锈机除锈、

喷砂除锈、酸洗除锈和手工除锈等,选项A错误。

当受拉钢筋直径大于25mm,受压钢筋直径大于28mm时,不宜采用绑扎搭接接头,选项C错误。

12.【答案】C

【解析】钢筋宜采用无延伸功能的机械设备进行调直,也可采用冷拉调直,选项A错误。

钢筋除锈:一是在钢筋冷拉或调直过程中除锈;二是可采用机械除锈机除锈、喷砂除锈、酸洗除锈和手工除锈等,选项B错误。

钢筋下料切断可采用钢筋切断机或手动液压切断器进行,选项D错误。

13.【答案】D

【解析】钢筋除锈:一是在钢筋冷拉或调直过程中除锈;二是可采用机械除锈机除锈、喷砂除锈、酸洗除锈和手工除锈等,选项A错误。

当采用冷拉调直时,HPB300光圆钢筋的冷拉率不宜大于4%,HRB400、HRB500带肋钢筋的冷拉率不宜大于1%,选项B错误。

钢筋的切断口不得有马蹄形或起弯现象,选项C错误。

14.【答案】D

【解析】板、次梁与主梁交叉处,板的钢筋在上,次梁的钢筋居中,主梁的钢筋在下;当有圈梁或垫梁时,主梁的钢筋在上。

15.【答案】BCE

【解析】框架梁、牛腿及柱帽等钢筋,应放在柱子纵向钢筋的内侧,选项A错误。

箍筋转角与纵向钢筋交叉点均应扎牢(钢筋平直部分与纵向钢筋交叉点可间隔扎牢)。板的钢筋网绑扎,四周两行钢筋交叉点应每点扎牢,中间部分交叉点可相隔交错扎牢,但必须保证受力钢筋不移位。板上部的负筋要防止被踩下,特别是雨篷、挑檐、阳台等悬臂板,要严格控制负筋位置,以免拆模后断裂,选项D错误。

16.【答案】BDE

【解析】泵送混凝土配合比设计:泵送混凝土的入泵坍落度不宜低于100mm,选项A错误。

用水量与胶凝材料总量之比不宜大于0.6;泵送混凝土的胶凝材料总量不宜小于$300kg/m^3$,选项B正确,选项C错误。

泵送混凝土搅拌时,应按规定顺序进行投料,且粉煤灰宜与水泥同步,外加剂的添加宜滞后于水和水泥,选项D正确。

混凝土泵或泵车设置处,应场地平整、坚实,具有重车行走条件。混凝土泵或泵车应尽可能靠近浇筑地点,浇筑时由远至近进行,选项E正确。

17.【答案】A

【解析】混凝土在运输中不应发生分层、离析现象,否则应在浇筑前二次搅拌。尽量减少混凝土的运输时间和转运次数,确保混凝土在初凝前运至现场并浇筑完毕(选项A错误)。

采用搅拌运输车运送混凝土,运输途中及等候卸料时,不得停转;卸料前,宜快速旋转搅拌20s以上后再卸料。当坍落度损失较大不能满足施工要求时,可在运输车罐内加入适量的与原配合比相同成分的减水剂。减水剂加入量应事先由试验确定。

18.【答案】D

【解析】采用泵送混凝土施工时,混凝土粗骨料最大粒径不大于25mm时,可采用内径不小于125mm的输送泵管。

19.【答案】ADE

【解析】单向板施工缝应留设在平行于板短边的任何位置,选项B错误。

有主次梁的楼板垂直施工缝应留设在次梁跨度中间的1/3范围内,选项C错误。

柱、墙水平施工缝可留设在基础、楼层结构顶面,选项A正确。

墙的垂直施工缝宜设置在洞口过梁跨中1/3范围内,也可留设在纵横墙交接处,选项

D、E 正确。

20.【答案】B

【解析】后浇带根据设计要求留设。若设计无要求，则至少保留14d后再浇筑。后浇带应采取钢筋防锈或阻锈等保护措施。填充后浇带，可采用微膨胀混凝土，强度等级比原结构强度提高一级，并保持至少14d的湿润养护。后浇带接缝处按施工缝的要求处理，选项B正确。

### 考点 2　砌体结构工程施工

1.【答案】B

【解析】不得在下列墙体或部位设置脚手眼：
(1) 120mm 厚墙、清水墙、料石墙、独立柱和附墙柱。
(2) 过梁上与过梁成60°角的三角形范围及过梁净跨度1/2的高度范围内。
(3) 宽度小于1m的窗间墙。
(4) 门窗洞口两侧石砌体300mm，其他砌体200mm范围内；转角处石砌体600mm，其他砌体450mm范围内。
(5) 梁或梁垫下及其左右500mm范围内。
(6) 设计不允许设置脚手眼的部位。
(7) 轻质墙体。
(8) 夹心复合墙外叶墙。

2.【答案】C

【解析】现场拌制的砂浆应随拌随用，拌制的砂浆应在3h内使用完毕；当施工期间最高气温超过30℃时，应在2h内使用完毕。

3.【答案】B

【解析】砖过梁底部的模板及其支架拆除时，灰缝砂浆强度不应低于设计强度的75%。

4.【答案】C

【解析】在砌筑材料为粗糙多孔且吸水较大的块料或在干热条件下砌筑时，应选用较大稠度值的砂浆，反之应选用稠度值较小的砂浆，选项C错误。

5.【答案】C

【解析】设钢筋混凝土构造柱的抗震多层砖房，应先绑扎钢筋，后砌砖墙，最后浇筑混凝土。选项C错误。

6.【答案】D

【解析】设计要求的洞口、管道、沟槽应于砌筑时正确留出或预埋，未经设计同意，不得打凿墙体和在墙体上开凿水平沟槽。宽度超过300mm的洞口上部，应设置钢筋混凝土过梁，选项A错误。

不同品种的水泥，不得混合使用，选项B错误。

小砌块应底面朝上反砌于墙上，选项C错误。

砌筑填充墙时，轻骨料混凝土小型空心砌块和蒸压加气混凝土砌块的产品龄期不应小于28d，选项D正确。

7.【答案】C

【解析】当砌筑材料为粗糙多孔且吸水较大的块料或在干热条件下砌筑时，应选用较大稠度值的砂浆，反之，应选用较小稠度值的砂浆，选项A错误。

砂浆应采用机械搅拌，搅拌时间自投料完算起，选项B错误。

砖柱砌筑应保证砖柱外表面上下皮垂直灰缝相互错开1/4砖长，砖柱不得采用包心砌法，选项C正确。

设有钢筋混凝土构造柱的抗震多层砖房，应先绑扎钢筋，后砌砖墙，最后浇筑混凝土，选项D错误。

8.【答案】ABCD

【解析】砂浆应采用机械搅拌，搅拌时间自投料完算起：水泥砂浆和水泥混合砂浆不得少于120s；水泥粉煤灰砂浆和掺用外加剂的砂浆不得少于180s，选项A、B正确。

砌筑砂浆应按要求随机取样，留置试块送试验室做抗压强度试验，每一检验批且不超过250m³砌体的各类、各强度等级的普通砌筑砂浆，每台搅拌机应至少抽检一次。由边长为7.07cm的正方体试件，经过28d标准养护，测得一组三块试件的抗压强度值来评定。预拌砂浆中的湿拌砂浆稠度应在进场时取样检验，选项C、D正确，选项E错误。

9.【答案】BDE

【解析】普通混凝土小型空心砌块砌体，砌筑前不需对小砌块浇水湿润，但遇天气干燥炎热，宜在砌筑前对其浇水湿润，而不是湿透，选项A错误。

砖、砌块在砌筑前，应清除表面污物、冰雪等，选项B正确。

小砌块应将生产时的底面朝上反砌于墙上，小砌块墙体宜逐块坐（铺）浆砌筑，选项C错误，选项D正确。

施工采用的小砌块的产品龄期不应小于28d，选项E正确。

10.【答案】BCD

【解析】蒸压加气混凝土砌块采用专用砂浆或普通砂浆砌筑时，应在砌筑当天对砌块砌筑面浇水湿润，选项A错误。

轻骨料混凝土小型空心砌块和蒸压加气混凝土砌块的产品龄期不应小于28d，蒸压加气混凝土砌块的含水率宜小于30％，选项B正确。

在厨房、卫生间、浴室等处采用轻骨料混凝土小型空心砌块、蒸压加气混凝土砌块砌筑墙体时，墙底部宜现浇混凝土坎台，其高度宜为150mm，选项C正确。

砌块进场后应按品种、规格堆放整齐，堆置高度不宜超过2m；蒸压加气混凝土砌块在运输及堆放中应防止雨淋，选项D正确。

砌筑填充墙时应错缝搭砌，蒸压加气混凝土砌块搭砌长度不应小于砌块长度的1/3，轻骨料混凝土小型空心砌块搭砌长度不应小于90mm，选项E错误。

11.【答案】BCE

【解析】轻骨料混凝土小型空心砌块或蒸压加气混凝土砌块墙如无切实有效措施，不得使用于下列部位或环境：①建筑物防潮层以下墙体；②长期浸水或化学侵蚀环境；③砌块表面温度高于80℃的部位；④长期处于有振动源环境的墙体。

12.【答案】ACD

【解析】烧结空心砖墙应侧立砌筑，孔洞应呈水平方向，选项B错误。

蒸压加气混凝土砌块填充墙砌筑时应上下错缝，搭砌长度不宜小于砌块长度的1/3，且不应小于150mm，选项E错误。

### 考点 3　钢结构工程施工

1.【答案】ACD

【解析】钢结构的连接方法有焊接、普通螺栓连接、高强度螺栓连接和铆接，选项A、C、D正确。

机械连接、绑扎连接属于钢筋的连接方法，选项B、E错误。

2.【答案】A

【解析】普通螺栓的紧固次序应从中间开始，对称向两边进行。对大型接头应采用复拧，即两次紧固方法，保证接头内各个螺栓能均匀受力。

3.【答案】BC

【解析】高强螺栓不能作为临时螺栓使用，选项B错误。

高强度螺栓现场安装时应能自由穿入螺栓孔，不得强行穿入，选项C错误。

4.【答案】ABE

【解析】防火涂料按涂层厚度可分为CB、B和H三类。

（1）CB类：超薄型钢结构防火涂料，涂层厚度小于或等于3mm。

（2）B类：薄型钢结构防火涂料，涂层厚度一般为3～7mm。

（3）H类：厚型钢结构防火涂料，涂层厚度一般为7～45mm。

### 考点 4　装配式混凝土结构工程施工

1.【答案】ABC

【解析】装配式混凝土建筑构件生产宜采用自动化、机械化、新设备，应按有关规定进行评审、备案。

2.【答案】ABCD

【解析】装配式混凝土建筑施工前，应组织

设计、生产、施工、监理等单位对设计文件进行图纸会审，确定施工工艺措施。

3. 【答案】ABDE

【解析】吊装设备应满足吊装重量、构件尺寸及作业半径施工要求，并调试合格。

4. 【答案】B

【解析】预制构件进场前，混凝土强度应符合设计要求。当设计无具体要求时，混凝土同条件立方体抗压强度不应小于混凝土强度等级值的75%。

5. 【答案】ABCD

【解析】预制构件运送到施工现场后，应按规格、品种、使用部位、吊装顺序分类设置存放场地。

6. 【答案】C

【解析】采用钢筋套筒灌浆连接形式时，浆料应在制备后30min内用完，灌浆作业应采取压浆法从下口灌注，当浆料从上口流出时应及时封堵，持压30s后再封堵下口，灌浆后24h内不得使构件与灌浆层受到振动、碰撞。

7. 【答案】D

【解析】灌浆作业应及时做好施工质量检查记录，并按要求每工作班应制作1组且每层不应少于3组40mm×40mm×160mm的长方体试件，标准养护28d后进行抗压强度试验。

8. 【答案】C

【解析】灌浆施工时环境温度不应低于5℃；当连接部位温度低于10℃时，应对连接处采取加热保温措施。

9. 【答案】ABC

【解析】预制构件间钢筋连接宜采用套筒灌浆连接、浆锚搭接连接以及直螺纹套筒连接等形式。

10. 【答案】AE

【解析】预制柱安装要求宜按照角柱、边柱、中柱顺序进行安装，与现浇部分连接的柱宜先行安装。

11. 【答案】A

【解析】装配式梁安装顺序应遵循先主梁后次梁，先低后高的原则。

12. 【答案】B

【解析】在吊装过程中，吊索与构件的水平夹角不宜小于60°，不应小于45°。

13. 【答案】C

【解析】预制叠合板吊装工艺流程：测量放线→支撑架体搭设→支撑架体调节→叠合板起吊→叠合板落位→位置、标高确认→摘钩。

### 考点 5 常见施工脚手架

1. 【答案】D

【解析】支撑脚手架独立架体高宽比不应大于3.0。支撑脚手架应设置竖向和水平剪刀撑，并应符合下列规定：
(1) 剪刀撑的设置应均匀、对称。
(2) 每道竖向剪刀撑的宽度应为6～9m，剪刀撑斜杆的倾角应在45°～60°之间。

2. 【答案】D

【解析】模板支撑脚手架可调底座和可调托撑调节螺杆插入脚手架立杆内的长度不应小于150mm，且调节螺杆伸出长度应经计算确定，并应符合下列规定：
(1) 当插入的立杆钢管直径为42mm时，伸出长度不应大于200mm。
(2) 当插入的立杆钢管直径为48.3mm及以上时，伸出长度不应大于500mm。

3. 【答案】ACD

【解析】脚手架根据脚手架种类、搭设高度和荷载采用不同的安全等级。

## 第四节 屋面、防水与保温工程施工

### 考点 1 屋面工程构造和施工

1. 【答案】B

【解析】本题考查的是屋面防水设防要求，具体见下表。

| 防水等级 | 防水做法 | 防水层 | |
|---|---|---|---|
| | | 防水卷材 | 防水涂料 |
| 一级 | 不应少于3道 | 卷材防水层不应少于1道 | |
| 二级 | 不应少于2道 | 卷材防水层不应少于1道 | |
| 三级 | 不应少于1道 | 任选 | |

2. 【答案】C

【解析】保温层上的找平层应在水泥初凝前压实抹平，并应留设分格缝，缝宽宜为5～20mm，纵横缝的间距不宜大于6m，选项A错误。

混凝土结构层宜采用结构找坡，坡度不应小于3%，当采用材料找坡时，坡度宜为2%，选项B错误。

保温层上的找平层纵横缝的间距不宜大于6m，选项D错误。

3. 【答案】A

【解析】卷材宜平行屋脊铺贴，上下层卷材不得相互垂直铺贴，选项A错误。

4. 【答案】B

【解析】涂膜施工应先做好细部处理，再进行大面积涂布，选项A错误。

卷材防水层周边800mm范围内应满粘，选项C错误。

厚度小于3mm的高聚物改性沥青防水卷材，严禁采用热熔法施工，选项D错误。

5. 【答案】ACE

【解析】卷材搭接缝应符合下列规定：

（1）平行屋脊的搭接缝应顺流水方向。

（2）同一层相邻两幅卷材短边搭接缝错开不应小于500mm。

（3）上下层卷材长边搭接缝应错开，且不应小于幅宽的1/3。

（4）叠层铺贴的各层卷材，在天沟与屋面的交接处，应采用叉接法搭接，搭接缝应错开，搭接缝宜留在屋面与天沟侧面，不宜留在沟底。

6. 【答案】ABE

【解析】涂膜防水层的基层应坚实、平整、干净，应无孔隙、起砂和裂缝。当采用溶剂型、热熔型和反应固化型防水涂料时，基层应干燥。

涂膜防水层施工工艺应符合下列规定：

（1）水乳型及溶剂型防水涂料宜选用滚涂或喷涂施工。

（2）反应固化型防水涂料宜选用刮涂或喷涂施工。

（3）热熔型防水涂料宜选用刮涂施工。

（4）聚合物水泥防水涂料宜选用刮涂法施工。

（5）所有防水涂料用于细部构造时，宜选用刮（刷）涂或喷涂施工。

7. 【答案】D

【解析】水落口周围直径500mm范围内坡度不应小于5%，防水层下应增设涂膜附加层；防水层和附加层伸入水落口杯内不应小于50mm，并应粘结牢固。

### 考点 2　保温隔热工程施工

1. 【答案】ABC

【解析】我国常用的墙体保温主要有三种形式，即外墙外保温、外墙内保温和夹芯保温。

2. 【答案】B

【解析】外墙外保温施工时，伸出外墙面的消防梯、水落管、各种进户管线和空调器等的预埋件、连接件应安装完毕，并给保温留出空隙。

3. 【答案】B

【解析】泡沫混凝土的浇筑出料口离基层的高度不宜超过1m，选项B错误。

4. 【答案】C

【解析】一个作业面应分遍喷涂完成，每遍喷涂厚度不宜大于15mm，选项C错误。

### 考点 3　地下结构防水工程施工

1. 【答案】A

【解析】地下工程的防水等级分为四级，防水混凝土的适用环境温度不得高于80℃。

2. 【答案】A

【解析】防水混凝土的适用环境温度不得高于80℃，选项A错误。

3.【答案】D

【解析】防水混凝土的水泥品种宜采用硅酸盐水泥、普通硅酸盐水泥，采用其他品种水泥时应经试验确定。

4.【答案】BE

【解析】墙体水平施工缝不应留在剪力最大处或底板与侧墙的交接处，应留在高出底板表面不小于300mm的墙体上，选项A错误。

垂直施工缝应避开地下水和裂隙水较多的地段，并宜与变形缝相结合，选项C错误。

水平施工缝浇筑混凝土前，应将其表面浮浆和杂物清除，然后铺设净浆或涂刷混凝土界面处理剂、水泥基渗透结晶型防水涂料等材料，再铺30~50mm厚的1:1水泥砂浆，并应及时浇筑混凝土，选项D错误。

5.【答案】C

【解析】冬期施工时，入模温度不应低于5℃；炎热季节施工时，入模温度不宜大于30℃；养护时间不得少于14d。

6.【答案】D

【解析】结构底板垫层混凝土部位的卷材可采用空铺法或点粘法施工，侧墙采用外防外贴法的卷材及顶板部位的卷材应采用满粘法施工。

7.【答案】C

【解析】水泥砂浆防水层适用于地下工程主体结构的迎水面或背水面，不适用于受持续振动或环境温度高于80℃的地下工程。

8.【答案】C

【解析】采用外防外贴法铺贴卷材防水层时，应符合下列规定：

（1）先铺平面，后铺立面，交接处应交叉搭接。

（2）临时性保护墙宜采用石灰砂浆砌筑，内表面宜做找平层。

（3）从底面折向立面的卷材与永久性保护墙的接触部位，应采用空铺法施工。

（4）混凝土结构完成，铺贴立面卷材时，应先将接搓部位的各层卷材揭开，并将其表面清理干净，如卷材有损坏应及时修补。卷材接搓的搭接长度，高聚物改性沥青类卷材应为150mm，合成高分子类卷材应为100mm；当使用两层卷材时，卷材应错槎接缝，上层卷材应盖过下层卷材。

### 考点 4  室内与外墙防水工程施工

1.【答案】C

【解析】防水砂浆当需留槎时，上下层接槎位置应错开100mm以上，离转角200mm内不得留接槎，选项C错误。

2.【答案】ABCD

【解析】常用的外墙防水材料有防水砂浆、聚合物水泥防水涂料、聚合物乳液防水涂料、聚氨酯防水涂料、防水透气膜。

常用的外墙防水密封材料有硅酮建筑密封胶、聚氨酯建筑密封胶、聚硫建筑密封胶、丙烯酸酯建筑密封胶。

## 第五节  装饰装修工程施工

### 考点 1  抹灰工程施工

1.【答案】ACE

【解析】石灰膏的熟化期不应少于15d，选项B错误。

水泥砂浆抹灰层应在湿润条件下养护，一般应在抹灰24h后进行养护，选项D错误。

2.【答案】A

【解析】抹灰用的水泥应为强度等级不小于32.5MPa。

3.【答案】C

【解析】设计无要求时，应采用1:2水泥砂浆做暗护角，其高度不应低于2m，每侧宽度不应小于50mm。

### 考点 2  轻质隔墙工程施工

1.【答案】D

【解析】当单层条板隔墙采取接板安装且限高以内时，竖向接板不宜超过一次，选项

D 错误。

2. 【答案】DE

　　【解析】当抗震设防地区的条板隔墙安装长度超过6m时，应设计构造柱并采取加固、防裂处理措施，选项A错误。

　　当防水型石膏条板隔墙及其他有防水、防潮要求的条板隔墙用于潮湿环境时，下端应做C20细石混凝土条形墙垫，选项B错误。

　　墙垫高度不应小于100mm，选项C错误。

3. 【答案】B

　　【解析】石膏板应采用自攻螺钉固定，从板的中部开始向板的四边固定。石膏板应竖向铺设，长边接缝应落在竖向龙骨上。

4. 【答案】B

　　【解析】板材隔墙的工艺流程顺序：结构墙面、地面、顶棚清理找平→按安装排板图放线→细石混凝土墙垫（有防水要求）→配板→配置胶结材料→安装定位板→安装固定卡→安装门窗框→安装隔墙板→机电配合安装、板缝处理。

### 考点 3　吊顶工程施工

1. 【答案】C

　　【解析】吊杆距主龙骨端部和距墙的距离不应大于300mm，选项A错误。

　　主龙骨上吊杆之间的距离应小于1000mm；主龙骨间距不应大于1200mm，选项B错误，选项C正确。

　　当吊杆长度大于1.5m时，应设置反支撑，选项D错误。

2. 【答案】D

　　【解析】吊顶工程工艺流程：弹吊顶标高水平线→画主龙骨分档线→吊顶内管道、设备的安装、调试及隐蔽验收→吊杆安装→龙骨安装（边龙骨安装、主龙骨安装、次龙骨安装）→填充材料的安装→安装饰面板→安装收口、收边压条。

3. 【答案】B

　　【解析】次龙骨间距宜为300～600mm。在潮湿地区，当采用纸面石膏板时，间距不宜

大于300mm。

4. 【答案】BC

　　【解析】面板安装时，正面朝外，面板长边与次龙骨垂直方向铺设；面板的安装固定应先从板的中间开始，然后向板的两端和周边延伸；自攻螺钉应一次性钉入轻钢龙骨并应与板面垂直。

5. 【答案】AC

　　【解析】当面板需留设各种孔洞时，应用专用机具开孔，灯具、风口等设备应与面板同步安装。

### 考点 4　地面工程施工

【答案】B

　　【解析】水泥混凝土散水、明沟，应设置伸缩缝，其间距不得大于10m；房屋转角处应做45°缝，其与建筑物连接处应设缝处理，缝宽度为15～20mm，缝内填嵌柔性密封材料。

### 考点 5　饰面板（砖）工程施工

1. 【答案】C

　　【解析】墙、柱面砖粘贴前应进行挑选，并应浸水2h以上，晾干表面水分。

2. 【答案】D

　　【解析】饰面砖工程是指内墙饰面砖和高度不大于100m，抗震设防烈度不大于8度，满粘法施工方法的外墙饰面砖工程。

### 考点 6　门窗工程施工

【答案】B

　　【解析】砖墙洞口应用膨胀螺钉固定，不得固定在砖缝处，选项B错误。

### 考点 7　涂料涂饰、裱糊、软包与细部工程施工

1. 【答案】B

　　【解析】基层腻子应平整、坚实、牢固，无粉化、起皮和裂缝；厨房、卫生间墙面必须使用耐水腻子。

2. 【答案】BCDE

　　【解析】细部工程包括：橱柜制作与安装，

窗帘盒、窗台板制作与安装，门窗套制作与安装，护栏和扶手制作与安装，花饰制作与安装五个分项工程。

### 考点 8　建筑幕墙工程施工

1. 【答案】D

【解析】连接角码、不锈钢螺栓均是受力的构件，需要考虑承载能力，选项A、C错误。

硅酮结构密封胶属于结构胶，能承受较大荷载、受力好，多用于隐框玻璃幕墙，需要考虑承载能力，选项B错误。

防火密封胶主要是用来密封的，不需要考虑承载能力，选项D正确。

2. 【答案】A

【解析】幕墙与各层楼板、隔墙外沿间的缝隙，应采用不燃材料或难燃材料封堵，填充材料可采用岩棉或矿棉，其厚度不应小于100mm，并应满足设计的耐火极限要求，在楼层间和房间之间形成防火烟带。

3. 【答案】ABDE

【解析】建筑幕墙防雷构造要求如下：

（1）幕墙的金属框架应与主体结构的防雷体系可靠连接，连接部位清除非导电保护层。

（2）幕墙的铝合金立柱，在不大于10m范围内宜有一根立柱采用柔性导线，把每个上柱与下柱的连接处连通。导线截面积铜质不宜小于25mm²，铝质不宜小于30mm²。

（3）防雷连接的镀膜层构件应除去其镀膜层，钢构件应进行防锈油漆处理。

4. 【答案】B

【解析】埋设预埋件主体结构混凝土强度等级不应低于C20，轻质填充墙不应作幕墙支承结构。

5. 【答案】C

【解析】玻璃幕墙开启窗的开启角度不宜大于30°，开启距离不宜大于300mm。开启窗周边缝隙宜采用氯丁橡胶、三元乙丙橡胶或硅橡胶密封条制品密封。

## 第六节　季节性施工技术

### 考点 1　冬期施工技术

1. 【答案】ABCD

【解析】室外的基槽（坑）或管沟可采用含有冻土块的土回填，冻土块粒径不得大于150mm，含量不得超过15%。填方边坡的表层1m以内，不得采用含有冻土块的土填筑。管沟底以下500mm范围内不得用含有冻土块的土回填，选项A、B、C正确。

室内的基槽（坑）或管沟不得采用含有冻土块的土回填，选项D正确，选项E错误。

2. 【答案】D

【解析】冬期砂浆拌合水温不宜超过80℃，砂加热温度不宜超过40℃，且水泥不得与80℃以上热水直接接触。

3. 【答案】ABCD

【解析】下列情况不得采用掺氯盐的砂浆砌筑砌体：

（1）对装饰工程有特殊要求的建筑物。

（2）配筋、钢埋件无可靠防腐处理措施的砌体。

（3）接近高压电线的建筑物（如变电所、发电站等）。

（4）经常处于地下水位变化范围内，以及在地下未设防水层的结构。

4. 【答案】BC

【解析】外墙外保温工程冬期施工要求：

（1）建筑外墙外保温工程冬期施工最低温度不应低于－5℃。外墙外保温工程施工期间以及完工后24h内，基层及环境空气温度不应低于5℃。

（2）胶粘剂和聚合物抹面胶浆拌合温度均应高于5℃，聚合物抹面胶浆拌合水温度不宜大于80℃，且不宜低于40℃；拌合完毕的EPS板胶粘剂和聚合物抹面胶浆每隔15min搅拌一次，1h内使用完毕；EPS板粘贴应保证有效粘贴面积大于50%。

### 考点 2 雨期施工技术

1. 【答案】B
   【解析】砌筑砂浆应通过适配确定配合比,要根据砂的含水量变化随时调整水胶比。

2. 【答案】D
   【解析】梁板同时浇筑时应沿次梁方向浇筑,选项 D 错误。

### 考点 3 高温天气施工技术

1. 【答案】C
   【解析】涂装环境温度和相对湿度应符合涂料产品说明书的要求,产品说明书无要求时,环境温度不宜高于 38℃,相对湿度不应大于 85%。

2. 【答案】BCDE
   【解析】防水材料应随用随配,配制好的混合料宜在 2h 内用完,选项 A 错误。

3. 【答案】D
   【解析】高温施工混凝土配合比设计宜采用低水泥用量的原则,并可采用粉煤灰取代部分水泥。宜选用水化热较低的水泥。

4. 【答案】B
   【解析】混凝土浇筑入模温度不应高于 35℃;混凝土浇筑宜在早间或晚间进行,且宜连续浇筑;混凝土浇筑完成后,应及时进行保湿养护;混凝土宜采用白色涂装的混凝土搅拌运输车运输,对混凝土输送管应进行遮阳覆盖,并应洒水降温。

# 第二篇 建筑工程相关法规与标准

## 第四章 相关法规

**考点 相关法规**

1. 【答案】C
   【解析】脚手架工程有下列情形之一的，应判定为重大事故隐患：①脚手架工程的地基基础承载力和变形不满足设计要求；②未设置连墙件或连墙件整层缺失；③附着式升降脚手架未经验收合格即投入使用；④附着式升降脚手架的防倾覆、防坠落或同步升降控制装置不符合设计要求、失效、被人为拆除破坏；⑤附着式升降脚手架使用过程中架体悬臂高度大于架体高度的2/5或大于6m。

2. 【答案】ABCE
   【解析】施工现场建筑垃圾减量化应遵循"源头减量、分类管理、就地处置、排放控制"的原则。

3. 【答案】ACDE
   【解析】建设单位委托检测机构开展建设工程质量检测活动的，建设单位或者监理单位应当对建设工程质量检测活动实施见证，选项B错误。

4. 【答案】A
   【解析】既有建筑装饰装修工程设计涉及主体和承重结构变动时，必须在施工前委托原结构设计单位或者具有相应资质条件的设计单位提出设计方案，或由检测鉴定单位对建筑结构的安全性进行鉴定。

## 第五章 相关标准

**考点 相关标准**

1. 【答案】C
   【解析】灌注桩混凝土强度检验的试件应在施工现场随机抽取。来自同一搅拌站的混凝土，每浇筑50m³必须至少留置1组试件。当混凝土浇筑量不足50m³时，每连续浇筑12h必须留置1组试件。对单柱单桩，每根桩应至少留置1组试件。

2. 【答案】D
   【解析】女儿墙和山墙的压顶向内排水坡度不应小于5%。

3. 【答案】ABC
   【解析】涂料、涂装遍数、涂层厚度均应符合设计要求。当设计对涂层厚度无要求时，涂层干漆膜总厚度：室外不应小于150$\mu m$，室内不应小于125$\mu m$。

4. 【答案】A
   【解析】装修材料按其燃烧性能应划分为四级：①A级：不燃性；②$B_1$级：难燃性；③$B_2$级：可燃性；④$B_3$级：易燃性。

5. 【答案】CD
   【解析】厨房的顶棚、配电室、消防控制室的墙面均应采用A级装修材料。储藏间、阳台应采用不低于$B_1$级的装修材料。

6. 【答案】A
   【解析】工程质量验收应由建设单位项目负责人组织施工单位项目负责人、监理工程师和设计单位项目负责人等进行。

7. 【答案】ADE
   【解析】门窗工程的检测项目包括建筑外窗的气密性能、水密性能和抗风压性能。
   幕墙工程的检测项目包括：
   (1) 硅酮结构胶的相容性和剥离粘结性。
   (2) 幕墙后置埋件和槽式预埋件的现场拉拔力。
   (3) 幕墙的气密性、水密性、耐风压性能及层间变形性能。

8. 【答案】B
   【解析】节能建筑评价应包括节能建筑设计评价和节能建筑工程评价两个阶段。

9. 【答案】ACD

【解析】民用建筑工程根据控制室内环境污染的不同要求，划分为以下两类：Ⅰ类民用建筑工程，如住宅、居住功能公寓、老年人照料房屋设施、幼儿园、学校教室、学生宿舍等；Ⅱ类民用建筑工程，如办公楼、商店、旅馆、文化娱乐场所、书店、图书馆、展览馆、体育馆、公共交通等候室、餐厅等。

10. 【答案】ABCE

【解析】受控制的室内环境污染物有氡、甲醛、氨、苯、甲苯、二甲苯和总挥发性有机化合物（TVOC）。

11. 【答案】B

【解析】工程桩的桩身完整性的抽检数量不应少于总数的20%，且不应少于10根。每根柱子承台下的桩抽检数量不应少于1根。

12. 【答案】C

【解析】基坑土方开挖的顺序、方法必须与设计工况相一致，并遵循"开槽支撑、先撑后挖、分层开挖、严禁超挖"的原则。

13. 【答案】A

【解析】沉管灌注桩：施工前应对放线后的桩位进行检查。施工中应对桩位、桩长、垂直度、钢筋笼笼顶标高、拔管速度等进行检查。施工结束后应对混凝土强度、桩身完整性及承载力进行检验。

14. 【答案】D

【解析】当混凝土结构施工质量不符合要求时，经有资质的检测单位检测鉴定达到设计要求的检验批，应予以验收。

15. 【答案】B

【解析】设计要求的洞口、沟槽、管道应于砌筑时正确留出或预埋，未经设计同意，不得打凿墙体和在墙体上开凿水平沟槽。宽度超过300mm的洞口上部，应设置钢筋混凝土过梁。

16. 【答案】C

【解析】采用涂料防腐时，表面除锈处理后宜在4h内进行涂装；采用金属热喷涂防腐时，钢结构表面处理与热喷涂施工的间隔时间，晴天或湿度不大的气候条件下不应超过12h，雨天、潮湿、有盐雾的气候条件下不应超过2h。

17. 【答案】D

【解析】钢筋套筒灌浆连接及浆锚搭接连接的灌浆料强度应符合标准的规定和设计要求，每工作班应制作1组且每层不应少于3组40mm×40mm×160mm的长方体试件，标养28d后进行抗压强度试验。

预制构件底部接缝坐浆强度应满足设计要求，每工作班同一配合比应制作1组且每层不应少于3组边长为70.7mm的立方体试件，标养28d后进行抗压强度试验。

外墙板接缝的防水性能应符合设计要求，每1000m²外墙（含窗）面积应划分为一个检验批，不足1000m²时也应划分为一个检验批；每个检验批应至少抽查一处，抽查部位应为相邻两层四块墙板形成的水平和竖向十字接缝区域，面积不得少于10m²，进行现场淋水试验。

18. 【答案】C

【解析】屋面找坡应满足设计排水坡度要求，结构找坡不应小于3%，材料找坡宜为2%；檐沟、天沟纵向找坡不应小于1%，沟底水落差不得超过200mm。

19. 【答案】ABC

【解析】进入施工现场的装修材料应完好，并应核查其燃烧性能或耐火极限、防火性能型式检验报告、合格证书等技术文件是否符合防火设计要求。核查、检验时，要求填写进场验收记录。

20. 【答案】ABCE

【解析】建筑内部装修工程的防火施工与验收，应按装修材料种类划分为纺织织物子分部装修工程、木质材料子分部装修工程、高分子合成材料子分部装修工程、复合材料子分部装修工程及其他材料子分部装修工程。

# 第三篇　建筑工程项目管理实务

## 第六章　建筑工程企业资质与施工组织

**考点 1　建筑工程施工企业资质**

【答案】ABCD

【解析】建筑工程施工总承包资质分为特级、一级、二级、三级。

**考点 2　二级建造师执业范围**

1.【答案】B

【解析】大型工程范围：单项工程合同额不小于1000万元；中型工程范围：单项工程合同额100～1000万元；小型工程范围：单项工程合同额小于100万元。

2.【答案】C

【解析】一级注册建造师可担任大、中、小型工程项目负责人，二级注册建造师可担任中、小型工程项目负责人。大型工程项目，超出二级建造师（建筑工程）执业资格范围。大型工程项目包括：建筑高度不小于100m的民用与公共建筑，高度不小于80m的附着升降脚手架，跨度不小于30m的钢结构建筑物或构筑物工程（包括轻钢结构工程），单项工程合同额不小于1000万元的装饰装修工程。

**考点 3　施工项目管理机构**

【答案】A

【解析】建立项目管理机构应遵循下列步骤：
(1) 根据项目管理规划大纲、项目管理目标责任书及合同要求明确管理任务。
(2) 根据管理任务分解和归类，明确组织结构。
(3) 根据组织结构，确定岗位职责、权限以及人员配置。
(4) 制定工作程序和管理制度。
(5) 由组织管理层审核认定。

**考点 4　施工组织设计**

1.【答案】ACE

【解析】本题考查的是施工组织设计的管理。施工组织设计按编制对象，可分为施工组织总设计、单位工程施工组织设计和施工方案。

2.【答案】B

【解析】单位工程施工组织设计是一个工程的战略部署，是宏观定性的，体现指导性和原则性，是一个将建筑物的蓝图转化为实物的指导组织各种活动的总文件，是对项目施工全过程管理的综合性文件。

3.【答案】ABDE

【解析】单位工程施工组织设计编制的依据有：
(1) 与工程建设有关的法律、法规和文件。
(2) 国家现行有关标准和技术经济指标。
(3) 工程所在地区行政主管部门的批准文件，建设单位对施工的要求。
(4) 工程施工合同或招标投标文件。
(5) 工程设计文件。
(6) 工程施工范围内的现场条件，工程地质及水文地质、气象等自然条件。
(7) 与工程有关的资源供应情况。
(8) 施工企业的生产能力、机具设备状况、技术水平等。

非工程所在地行政主管部门的批准文件与施工组织设计的编制无关。

4.【答案】B

【解析】单位工程施工组织设计经施工单位技术负责人或其授权人审批后，应在工程开工前由施工单位项目负责人组织，对项目部全体管理人员及主要分包单位逐级进行交底并做好交底记录。

5. 【答案】ABD

【解析】单位工程的施工组织设计在实施过程中应进行检查，过程检查可按照工程施工阶段进行。通常划分为地基基础、主体结构、装饰装修和机电设备安装三个阶段。

6. 【答案】BCDE

【解析】项目施工过程中，如发生以下情况之一时，施工组织设计应及时进行修改或补充：
(1) 工程设计有重大修改。
(2) 有关法律、法规、规范和标准实施、修订和废止。
(3) 主要施工方法有重大调整。
(4) 主要施工资源配置有重大调整。
(5) 施工环境有重大改变。
经修改或补充的施工组织设计应重新审批后才能实施。

7. 【答案】ABCD

【解析】施工部署是在对拟建工程的工程情况、建设要求、施工条件等进行充分了解的基础上，对项目实施过程涉及的任务、资源、时间、空间作出的统筹规划和全面安排。

8. 【答案】ABCD

【解析】"四新"技术包括新技术、新工艺、新材料、新设备。

9. 【答案】ACDE

【解析】施工部署应包括的内容有工程目标、重点和难点分析、工程管理的组织、进度安排和空间组织、"四新"技术、资源配置计划、项目管理总体安排。

10. 【答案】AE

【解析】施工流水段划分应根据工程特点及工程量进行分阶段合理划分，并应说明划分依据及流水方向，确保均衡施工。

11. 【答案】ABE

【解析】一般工程的施工顺序："先准备、后开工"，"先地下、后地上"，"先主体、后围护"，"先结构、后装饰"，"先土建、后设备"。

12. 【答案】B

【解析】危大工程实行分包的，专项施工方案可以由相关专业分包单位组织编制。

13. 【答案】B

【解析】超过一定规模的危险性较大的分部分项工程：开挖深度超过5m（含5m）的基坑（槽）的土方开挖、支护、降水工程，选项A错误。
搭设高度8m及以上的混凝土模板支撑工程，选项B正确。
搭设高度50m及以上落地式钢管脚手架工程，选项C错误。
搭设跨度18m及以上的混凝土模板支撑工程，选项D错误。

14. 【答案】A

【解析】专项施工方案的审批流程：专项施工方案应当由施工单位技术负责人审核签字、加盖单位公章，并由总监理工程师审查签字、加盖执业印章后方可实施。危大工程实行分包并由分包单位编制专项施工方案的，专项施工方案应当由总承包单位技术负责人及分包单位技术负责人共同审核签字并加盖单位公章。

15. 【答案】AC

【解析】论证专家不得少于5名。与本工程有利害关系的人员不得以专家身份参加专家论证会。

16. 【答案】A

【解析】对于超过一定规模的危大工程，施工单位应当组织召开专家论证会对专项施工方案进行论证。实行施工总承包的，由施工总承包单位组织召开专家论证会。

### 考点 5　施工平面布置管理

1. 【答案】ABCE

【解析】施工现场施工平面布置图应包括以下基本内容：
(1) 项目施工用地范围内的地形状况。
(2) 全部拟建的建（构）筑物和其他基础设施的位置。

(3) 项目施工用地范围内的加工、运输、存储、供电、供水、供热、排水、排污设施以及临时施工道路和办公、生活用房等。
(4) 施工现场必备的安全、消防、保卫和环保等设施。
(5) 相邻的地上、地下既有建（构）筑物及相关环境。

2. 【答案】D
【解析】施工现场应实行封闭管理，并应采用硬质围挡。市区主要路段的施工现场围挡高度不应低于2.5m，一般路段围挡高度不应低于1.8m，选项A正确。
现场必须实施封闭管理，现场出入口应设大门和保安值班室，大门或门头设置企业名称和企业标识，施工现场出入口应设置车辆冲洗设施，选项B正确。
现场出入口明显处应设置"五牌一图"，选项C正确。
现场的施工区域应与办公、生活区划分清晰，并应采取相应的隔离防护措施，在建工程内、伙房、库房不得兼作宿舍，选项D错误。

3. 【答案】ABD
【解析】现场出入口明显处应设置"五牌一图"：工程概况牌、安全生产牌、文明施工牌、消防保卫牌、管理人员名单及监督电话牌，施工现场总平面图。

4. 【答案】D
【解析】宿舍必须设置可开启式外窗，床铺不得超过2层，通道宽度不得小于0.9m，选项A正确。
场地四周必须采用封闭围挡，围挡要坚固、稳定、整洁、美观，并沿场地四周连续设置，选项B正确。
现场必须实施封闭管理，现场出入口应设大门和保安值班室，选项C正确。
现场的施工区域应与办公、生活区划分清晰，并应采取相应的隔离防护措施，办公区和生活区不一定要分开设置，选项D错误。

5. 【答案】A
【解析】现场临时用水管理：
(1) 现场临时用水包括生产用水、机械用水、生活用水和消防用水。
(2) 现场临时用水必须根据现场工况编制临时用水方案，建立相关的管理文件和档案资料。
(3) 消防用水一般利用城市或建设单位的永久消防设施，选项B错误。如自行设计，消防干管直径应不小于$DN100$，选项C错误。
(4) 高度超过24m的建筑工程，应安装临时消防竖管，管径不得小于75mm，严禁消防竖管作为施工用水管线，选项A正确。
(5) 消防供水要保证足够的水源和水压。消防泵应使用专用配电线路，不间断供电，保证消防供水，选项D错误。

6. 【答案】A
【解析】电工作业应持有效证件，电工等级应与工程的难易程度和技术复杂性相适应；严禁带电作业和带负荷插拔插头。

## 第七章 施工招标投标与合同管理

### 考点 1 施工招标投标

1. 【答案】C
【解析】投标人撤回已提交的投标文件，应当在投标截止时间前书面通知招标人。招标人已收取投标保证金的，应当自收到投标人书面撤回通知之日起5d内退还。

2. 【答案】ABCE
【解析】由同一专业的单位组成的联合体，按照资质等级较低的单位确定资质等级，选项D错误。

3. 【答案】D
【解析】工程预付款又称材料备料款或材料预付款，为该承包工程开工准备和准备主要材料、结构件所需的流动资金，不得挪作他用。

4. 【答案】D
【解析】按月支付的费用见下表。第3个月应扣回预付款为40万元，选项D错误。

| 月份 | 1 | 2 | 3 | | 4 | 5 |
|---|---|---|---|---|---|---|
| 完成工程量/万元 | 100 | 200 | 300 | | 300 | 100 |
| | | | 200 | 100 | | |
| 应扣回预付款/万元 | 0 | 0 | 0 | 40 | 120 | 40 |
| 应支付的费用/万元 | 100 | 200 | 200 | 60 | 180 | 60 |
| 累计付款/万元 | 100 | 300 | 500 | 560 | 740 | 800 |

5. 【答案】C

【解析】因为该工程固定要素的系数为0.2，所以可调部分的系数为0.8，又由于钢材费用占调值部分的50%，则钢材费用的系数应为0.4。根据公式得工程实际结算价为：$1000×[0.2+0.8×50\%×(1+10\%)+0.8×50\%×1]=1040$（万元）。

6. 【答案】BC

【解析】固定单价不调整的合同称为固定单价合同，一般适用于技术难度小、图纸完备的工程项目。固定单价可以调整的合同称为可调单价合同，一般适用于施工图不完整、施工过程中可能发生各种不可预见因素较多、需要根据现场实际情况重新组价议价的工程项目。

7. 【答案】C

【解析】措施项目费应根据招标文件中的措施项目清单及投标时拟定的施工组织设计或施工方案自主确定，但是措施项目费清单中的安全文明施工费应按照不低于国家或省级、行业建设主管部门规定标准的90%计价，不得作为竞争性费用。

8. 【答案】ABCE

【解析】采用工程量清单计价的工程，应在招标文件或合同中明确计价中的风险内容及其范围（幅度），不得采用无限风险、所有风险或类似语句规定计价中的风险内容及其范围（幅度）。该计价风险不包括：国家法律、法规、规章和政策变化；省级或行业建设主管部门发布的人工费调整；合同中已经约定的市场物价波动范围；不可抗力。

### 考点 2 施工合同管理

1. 【答案】B

【解析】建设工程施工合同管理的原则：依法履约原则、诚实信用原则、全面履行原则、协调合作原则、维护权益原则、动态管理原则、合同归口管理原则、全过程合同风险管理原则、统一标准化原则。

2. 【答案】A

【解析】施工合同文件的组成及解释顺序：①合同协议书；②中标通知书；③投标函及其附录；④专用合同条款及其附件；⑤通用合同条款；⑥技术标准和要求；⑦图纸；⑧已标价工程量清单或预算书；⑨其他合同文件。

3. 【答案】A

【解析】施工合同文件的组成及解释顺序：①合同协议书；②中标通知书；③投标函及其附录；④专用合同条款及其附件；⑤通用合同条款；⑥技术标准和要求；⑦图纸；⑧已标价工程量清单或预算书；⑨其他合同文件。

4. 【答案】A

【解析】在执行政府定价或政府指导价的情况下，在履行合同过程中，当价格发生变化时：

（1）执行政府定价或者政府指导价格的，在合同约定的交付期限内政府价格调整时，按照交付的价格计价。

（2）逾期交付标的物的，遇到价格上涨时，按照原价履行；价格下降时，按照新价格履行。

（3）逾期提取标的物或者逾期付款的，遇到价格上涨时，按照新价格履行；价格下降时，按照原价格履行。

5. 【答案】C

【解析】总承包合同一经签订，总承包单位需要对建设单位承担整个工程项目的质量、安全、进度、文明施工、成本、保修等全部责任，即便总承包单位没有向专业分包单位收取管理费，并不影响总承包单位的承担义务，选项C正确。

6. 【答案】CDE

【解析】在专业分包合同中，分包人应当完成以下工作：

(1) 分包人应按照分包合同的约定，对分包工程进行设计（分包合同有约定时）、施工、竣工和保修。

(2) 按照合同专用条款约定的时间，完成规定的设计内容，报承包人确认后在分包工程中使用。承包人承担由此发生的费用。

(3) 向承包人提供年、季、月度工程进度计划及相应进度统计报表。分包人不能按承包人批准的进度计划施工时，应根据承包人的要求提交一份修订的进度计划，以保证分包工程如期竣工。

(4) 提交分包工程施工组织方案，报承包人批准后认真执行。

(5) 及时办理施工场地交通、施工噪声以及环境保护和安全文明生产等管理手续，并报承包人。承包人按规定承担相关费用，但因分包人责任造成的罚款除外。

(6) 允许承包人、发包人、工程师及其授权人员在工作时间内进入分包工程施工场地或材料存放处，以及施工场地外与分包合同有关的分包人工作地点，并提供工作方便。

(7) 分包工程交付前，分包人负责分包工程成品保护工作，发生损坏时自费修复。承包人要求采取特殊保护措施的，双方在合同中约定。

(8) 合同约定的其他工作。

7. 【答案】C

【解析】工程承包人的工作：

(1) 向分包人提供根据总包合同由发包人办理的与分包工程相关的各种证件、批件、相关资料，向分包人提供具备施工条件的施工场地。

(2) 组织分包人参加发包人组织的图纸会审，向分包人进行设计图纸交底。

(3) 提供本合同专用条款中约定的设备和设施，并承担因此发生的费用。

(4) 随时为分包人提供确保分包工程的施工所要求的施工场地和通道等，满足施工运输的需要。

(5) 负责整个施工场地的管理工作，协调分包人与同一施工场地的其他分包人之间的交叉配合。

(6) 合同约定的其他工作。

8. 【答案】C

【解析】专业承包工程有地基与基础、起重设备安装、预拌混凝土、电子与智能化、消防设施、防水防腐保温、钢结构、模板脚手架、建筑装饰装修、建筑机电安装、建筑幕墙、古建筑、环保工程、特种工程等。

9. 【答案】ABCE

【解析】允许承包人、发包人、工程师及其授权人员在工作时间内进入分包工程施工场地或材料存放处，以及施工场地外与分包合同有关的分包人工作地点，并提供工作方便，选项D错误。

10. 【答案】D

【解析】承包人可以向监理或发包人提出变更请求，选项A错误。

变更指示均通过监理人发出，选项B错误。

未经许可，承包人不得擅自对工程的任何部分进行变更，选项C错误。

涉及设计变更的，应由设计人提供变更后的图纸和说明。如变更超过原设计标准或批准的建设规模时，发包人应及时办理规划、设计变更等审批手续，选项D正确。

11. 【答案】C

【解析】合同变更程序：①发包人提出变更；②监理人提出变更建议；③变更执行；

④变更估价；⑤承包人的合理化建议；
⑥变更引起的工期调整。

12. 【答案】C
【解析】承包人应在收到变更指示后14d内，向监理人提交变更估价申请。监理人应在收到承包人提交的变更估价申请后7d内审查完毕并报送发包人，监理人对变更估价申请有异议，通知承包人修改后重新提交。发包人应在承包人提交变更估价申请后14d内审批完毕。发包人逾期未完成审批或未提出异议的，视为认可承包人提交的变更估价申请。

13. 【答案】B
【解析】由于业主或非施工单位的原因造成的停工、窝工，业主只负责停窝工人工费补偿标准，而不是当地造价部门颁布的工资标准，只负责租赁费或摊销费而不是机械台班费。

14. 【答案】ACD
【解析】索赔的基本条件包括：①客观性；②合法性；③合理性。

15. 【答案】A
【解析】工期索赔的计算方法：
(1) 网络分析法：网络分析法通过分析延误前后的施工网络计划，比较两种工期计算结果，计算出工程应顺延的工程工期。
(2) 比例分析法：在实际工程中，干扰事件常常仅影响某些单项工程、单位工程或分部分项工程的工期，分析它们对总工期的影响。用这种方法分析比较简单。
(3) 其他方法：工程现场施工中，可以按照索赔事件实际增加的天数确定索赔的工期；通过发包方与承包方协议确定索赔的工期。
故选项B、C、D属于工期索赔的计算方法；总费用法是费用索赔的计算方法。

16. 【答案】D
【解析】罕见特大暴雨是一个有经验的承包商所无法合理预见的，认定为不可抗力，选项A正确。

因不可抗力造成的工期延误可以进行索赔，选项C正确。
承包人的施工机械设备损坏及停工损失，由承包人承担，选项B正确、选项D错误。

17. 【答案】A
【解析】按时提交报表、完整的原始技术经济资料，配合工程承包人办理交工验收，属于劳务分包人的义务。

18. 【答案】AB
【解析】设备供应合同条款主要包括：设备的名称、品种、型号、规格、等级、技术标准或技术性能指标；数量和计量单位；包装标准及包装物的供应与回收；交货单位、交货方式、运输方式、到货地点、接货单位、交货期限；验收方法；产品价格；结算方式；违约责任等。并关注以下条款：①设备价格；②设备数量；③技术标准；④现场服务；⑤验收和保修。

19. 【答案】ABCD
【解析】本题考查的是物资采购合同。物资采购合同主要条款：
(1) 标的。标的是供应合同的主要条款。主要包括物资名称（牌号、商标）、品种、型号、规格、等级、花色、技术标准或质量要求等。
(2) 数量。供应合同标的数量的计量方法要执行法律法规规定，或供需双方商定方法，计量单位明确。
(3) 运输方式。运输方式可分为铁路、公路、水路、航空、管道运输及海上运输等。
(4) 价格。需定价的材料，按国家定价执行；应由国家定价但尚无定价的，其价格应报请物价主管部门批准；不属于定价的产品，价格由供需双方协定。
(5) 结算。供需双方对产品货款、实际支付的运杂费和其他费用进行货币清算。结算方式分为现金结算和转账结算。

20. 【答案】ACE
【解析】本题考查的是采购的"四比一算"

原则。选项A对应比质量，选项C对应比服务，选项E对应比成本，这些都是采购时应遵循的原则。选项B虽然考虑了运距，但是没有提到比较，不能单一地以距离作为决定因素。选项D错误，因为仅根据价格选择供应商忽略了质量、服务等其他重要因素。

21. 【答案】ABCD

【解析】本题考查分包工程工期顺延的情况。选项A、B、C、D均为导致分包工程工期顺延的情况，符合题干要求。选项E错误，由于非分包人原因的工程变更及工程量增加才会导致工期顺延。

22. 【答案】D

【解析】本题考查分包工程工期不得顺延的情况。选项A、B、C均为分包工程工期可以顺延的情况。只有选项D表示分包人自身原因导致工程变更，这属于分包工程工期不得顺延的情况。

## 第八章 施工进度管理

**考点 1 施工进度计划方法应用**

1. 【答案】A

【解析】流水施工参数包括工艺参数、空间参数、时间参数。

2. 【答案】A

【解析】在无节奏流水施工中，通常用来计算流水步距的方法是累加数列错位相减取大差法。

3. 【答案】B

【解析】当计划工期等于计算工期时，判别关键工作的条件是总时差为零的工作。当计划工期不等于计算工期时，其总时差最小的工作为关键工作。

4. 【答案】C

【解析】工作自由时差，是指在不影响其所有紧后工作最早开始的前提下，本工作可以利用的机动时间。未超过该工作的自由时差，对后续工作均不影响。

5. 【答案】A

【解析】工作F的最早结束时间为 $15+5=20$ (d)；其三个紧后工作的最迟开始时间分别为30d、30d、32d，总时差以不影响总工期为原则，也就是以不影响所有紧后工作最迟开始时间为原则，即工作F的总时差为 $\min(30, 30, 32) - 20 = 10$ (d)。工作F三个紧后工作的最早开始时间分别为24d、26d、30d，自由时差以不影响所有紧后工作最早开始为原则，则工作F的自由时差 $\min(24, 26, 30) - 20 = 4$ (d)。

6. 【答案】ABCE

【解析】流水施工的特点包括：
(1) 科学利用工作面，争取时间，合理压缩工期，选项A正确。
(2) 工作队实现专业化施工，有利于工作质量和效率的提升，选项B正确。
(3) 工作队及其工人、机械设备连续作业，同时使相邻专业队的开工时间能够最大限度地搭接，减少窝工和其他支出，降低建造成本，选项C正确。
(4) 单位时间内资源投入量较均衡，有利于资源组织与供给，选项E正确。
选项D描述错误，流水施工的特点之一就是资源投入量较均衡。

**考点 2 施工进度计划编制与控制**

1. 【答案】ABCD

【解析】施工进度计划按编制对象的不同可分为施工总进度计划、单位工程进度计划、分阶段（或专项工程）工程进度计划、分部分项工程进度计划四种。

2. 【答案】A

【解析】施工程序和施工顺序随着施工规模、性质、设计要求、施工条件和使用功能的不同而变化，但仍有可供遵循的共同规律，在施工进度计划编制过程中，需注意如下基本原则：
(1) 安排施工程序的同时，首先安排其相应的准备工作。

(2) 首先进行全场性工程的施工，然后按照工程排队的顺序，逐个地进行单位工程的施工。

(3) "三通"工程应先场外后场内，由远而近，先主干后分支，排水工程要先下游后上游。

(4) 先地下后地上和先深后浅的原则。

(5) 主体结构施工在前，装饰工程施工在后，随着建筑产品生产工厂化程度的提高，它们之间的先后时间间隔的长短也将发生变化。

(6) 既要考虑施工组织要求的空间顺序，又要考虑施工工艺要求的工种顺序；必须在满足施工工艺要求的条件下，尽可能地利用工作面，使相邻两个工种在时间上合理且最大限度地搭接起来。

3.【答案】A

【解析】施工总进度计划可采用网络图或横道图表示，并附必要说明，宜优先采用网络计划。

4.【答案】ADE

【解析】单位工程进度计划的内容一般应包括：

(1) 工程建设概况。

(2) 工程施工情况。

(3) 单位工程进度计划，分阶段进度计划，单位工程准备工作计划，劳动力需用量计划，主要材料、设备及加工计划，主要施工机械和机具需要量计划，主要施工方案及流水段划分，各项经济技术指标要求等。

选项B、C属于单位工程进度计划的编制依据。

5.【答案】B

【解析】工期优化也称时间优化，其目的是当网络计划计算工期不能满足要求工期时，通过不断压缩关键线路上的关键工作的持续时间等措施，达到缩短工期、满足要求的目的。选择优化对象应考虑下列因素：

(1) 缩短持续时间对质量和安全影响不大的工作。

(2) 有备用资源的工作。

(3) 缩短持续时间所需增加的资源、费用最少的工作。

压缩直接费用率之和最小的工作组合，则赶工费用最低。如果压缩后工作可能变为非关键工作，则虽然压缩了该工作的持续时间，但却不一定能达到调整总工期的目的。

6.【答案】C

【解析】工程网络计划的计划工期应不超过要求工期。

7.【答案】ABCD

【解析】单位工程进度计划的编制依据：

(1) 主管部门的批示文件及建设单位的要求。

(2) 施工图纸及设计单位对施工的要求。

(3) 施工企业年度计划对该工程的安排和规定的有关指标。

(4) 施工组织总设计或大纲对该工程的有关规定和安排。

(5) 资源配备情况，如：施工中需要的劳动力、施工机具和设备、材料、预制构件和加工品的供应能力及来源情况。

(6) 建设单位可能提供的条件和水电供应情况。

(7) 施工现场条件和勘察资料。

(8) 预算文件和国家及地方规范等资料。

8.【答案】ABCD

【解析】项目进度计划监测后，应形成书面进度监测报告。项目进度监测报告的内容主要包括：进度执行情况的综合描述，实际施工进度，资源供应进度，工程变更、价格调整、索赔及工程款收支情况，进度偏差状况及导致偏差的原因分析，解决问题的措施，计划调整意见。

## 第九章　施工质量管理

**考点 1　结构工程施工**

1.【答案】B

【解析】灌注桩成孔的控制深度应符合下列

要求：

（1）摩擦型桩：摩擦桩应以设计桩长控制成孔深度；端承摩擦桩必须保证设计桩长及桩端进入持力层深度。当采用锤击沉管法成孔时，桩管入土深度控制应以高程为主，以贯入度控制为辅，选项B错误。

（2）端承型桩：当采用钻（冲）、人工挖掘成孔时，必须保证桩端进入持力层的设计深度；当采用锤击沉管法成孔时，桩管入土深度控制应以贯入度为主，以高程控制为辅。

2. 【答案】C

【解析】用泥浆循环清孔时，清孔后的泥浆相对密度控制在1.15～1.25。第一次清孔在提钻前，第二次清孔在沉放钢筋笼、下导管后。第一次浇筑混凝土必须保证底端能埋入混凝土中0.8～1.3m，以后的浇筑中导管埋深宜为2～6m。

3. 【答案】C

【解析】采用扣件式钢管作高大模板支架的立杆时，支架搭设应完整，并应符合下列规定：立杆上应每步设置双向水平杆，水平杆应与立杆扣接，选项A正确。

立柱接长严禁搭接，必须采用对接扣件连接，相邻两立柱的对接接头不得在同步内，且对接接头沿竖向错开的距离不宜小于500mm，选项B正确、选项C错误。

严禁将上段的钢管立柱与下段钢管立柱错固定在水平拉杆上，选项D正确。

4. 【答案】B

【解析】成型钢筋检验批量可由合同约定，同一工程、同一原材料来源、同一组生产设备生产的成型钢筋，检验批量不宜大于30t。

5. 【答案】B

【解析】在同一工程项目中，同一厂家、同一牌号、同一规格的钢筋（同一钢筋来源的成型钢筋）连续三批进场检验均一次检验合格时，其后的检验批量可扩大一倍。

6. 【答案】C

【解析】预应力混凝土结构、钢筋混凝土结构中，严禁使用含氯化物的水泥。预应力混凝土结构中严禁使用含氯化物的外加剂；钢筋混凝土结构中，当使用含有氯化物的外加剂时，混凝土中氯化物的总含量必须符合现行国家标准的规定。

7. 【答案】D

【解析】填充墙砌体砌筑，应在承重主体结构检验批验收合格后进行；填充墙与承重主体结构之间的空（缝）隙部位施工，应在填充墙砌筑14d后进行。

8. 【答案】A

【解析】砌筑砂浆搅拌后的稠度以30～90mm为宜。

9. 【答案】C

【解析】对属于下列情况之一的钢材，应进行全数抽样复验：①国外进口钢材；②钢材混批；③板厚等于或大于40mm，且设计有Z向性能要求的厚板；④建筑结构安全等级为一级，大跨度钢结构中主要受力构件所采用的钢材；⑤设计有复验要求的钢材；⑥对质量有疑义的钢材。

10. 【答案】D

【解析】碳素结构钢应在焊缝冷却到环境温度后，低合金钢应在完成焊接24h后进行焊缝无损检测检验。

11. 【答案】ABCE

【解析】预制构件交付的产品质量证明文件应包括以下内容：

（1）出厂合格证。

（2）混凝土强度检验报告。

（3）钢筋套筒等其他构件钢筋连接类型的工艺检验报告。

（4）合同要求的其他质量证明文件。

12. 【答案】ABDE

【解析】本题考查预制构件施工中钢筋套筒灌浆连接的要求。根据规定，现浇混凝土中伸出的钢筋应采用专用模具进行定位（选项A正确），连接钢筋偏离套筒或孔洞中心线不宜超过3mm（选项B正确），应检查被连接钢筋的规格、数量、位置和长度（选项D正确），连接钢筋倾斜时，应进行校直（选项E正确）。预制构件上套筒、预留孔内有杂物时，应清理干净（选项C错误）。

### 考点 2 装饰装修工程施工

1. 【答案】ABCD
【解析】本题考查的是饰面板工程的隐蔽工程项验收内容。饰面板工程应对预埋件（或后置埋件）、龙骨安装、连接节点、防水、保温、防火节点以及外墙金属板防雷连接节点进行验收。

2. 【答案】B
【解析】有防水要求的建筑地面子分部工程的分项工程施工质量每检验批抽查数量应按其房间总数随机检验不应少于4间，不足4间，应全数检查。

3. 【答案】ACD
【解析】门窗工程应对下列材料及其性能指标进行复验：
(1) 人造木板的甲醛含量。
(2) 建筑外窗的气密性、水密性和抗风压性能。

### 考点 3 屋面与防水工程施工

1. 【答案】D
【解析】用块体材料做保护层时，宜设置分格缝，分格缝纵横间距不应大于10m，分格缝宽度宜为20mm。

2. 【答案】A
【解析】设计无要求时，架空隔热层高度宜为180~300mm。当屋面宽度大于10m时，应在屋面中部设置通风屋脊，通风口处应设置通风箅子。

3. 【答案】A
【解析】建筑室内防水工程的施工，应建立各道工序的自检、交接检和专职人员检查的"三检"制度，并有完整的检查记录。对上道工序未经检查确认，不得进行下道工序的施工。

4. 【答案】D
【解析】进场的防水涂料和胎体增强材料应检验下列项目：
(1) 高聚物改性沥青防水涂料的固体含量、干燥时间、低温柔性、不透水性、断裂伸长率、拉伸强度。
(2) 合成高分子防水涂料和聚合物水泥防水涂料的固体含量、低温柔性、不透水性、拉伸强度、断裂伸长率。
(3) 胎体增强材料的拉力、延伸率。
选项A、B、C属于高聚物改性沥青防水涂料应检验的项目。

5. 【答案】A
【解析】本题考查的是喷涂硬泡聚氨酯保温层施工规定。喷涂硬泡聚氨酯保温层，一个作业面应分遍喷涂完成，每遍喷涂厚度不宜大于15mm，硬泡聚氨酯喷涂后20min内严禁上人。

6. 【答案】ACDE
【解析】本题考查涂膜防水层施工的适宜环境温度。根据规定，水乳型及反应型涂料的施工环境温度宜为5~35℃，溶剂型涂料宜为-5~35℃，热熔型涂料不宜低于-10℃，聚合物水泥涂料宜为5~35℃。因此，选项B中溶剂型涂料的适宜温度范围错误。

### 考点 4 工程质量验收管理

1. 【答案】A
【解析】检验批应由专业监理工程师组织施工单位项目专业质量检查员、专业工长等验收。

2. 【答案】B
【解析】分项工程应由专业监理工程师（建设单位项目专业技术负责人）组织施工单位项目专业技术负责人等进行验收。

3. 【答案】D
【解析】分部工程应由总监理工程师（建设单位项目负责人）组织施工单位项目负责人和项目技术负责人等进行验收；勘察、设计单位项目负责人和施工单位技术、质量部门负责人应参加地基与基础分部工程的验收；设计单位项目负责人和施工单位技术、质量部门负责人应参加主体结构、节能分部工程的验收。

4. 【答案】ABCE

【解析】在进行室内环境污染物浓度检测时，装饰装修工程中完成的固定式家具应保持正常使用状态；采用集中通风的民用建筑工程，应在通风系统正常运行的条件下进行；采用自然通风的民用建筑工程，检测应在对外门窗关闭1h后进行。因此，选项A、B、C正确。

室内环境质量验收不合格的民用建筑工程，严禁投入使用，选项E正确。选项D描述的是氡浓度检测条件，与题干中的甲醛、氨等污染物浓度检测条件不符，故错误。

5. 【答案】B

【解析】当室内环境污染物浓度检测结果不符合规范规定时，应对不符合项目再次加倍抽样检测，并应包括原不合格的同类型房间及原不合格房间；当再次检测的结果符合规范规定时，应判定该工程室内环境质量合格。再次加倍抽样检测的结果不符合规范规定时，应查找原因并采取措施进行处理，直至检测合格。

6. 【答案】ACD

【解析】节能工程的检验批验收和隐蔽工程验收应由监理工程师主持，施工单位相关专业的质量检查员与施工员参加。施工单位技术负责人参加节能分项工程验收，项目经理参加节能分部工程验收。

7. 【答案】ABCD

【解析】单位工程质量验收合格应符合下列规定：
（1）所含分部工程的质量均应验收合格。
（2）质量控制资料应完整。
（3）所含分部工程中有关安全、节能、环境保护和主要使用功能的检验资料应完整。
（4）主要使用功能的抽查结果应符合相关专业验收规范的规定。

(5) 观感质量应符合要求。
单位工程验收时不需要竣工图绘制完成，选项E错误。

8. 【答案】ABCE

【解析】工程资料移交应符合下列规定：
（1）施工单位应向建设单位移交施工资料。
（2）实行施工总承包的，各专业承包单位应向施工总承包单位移交施工资料。
（3）监理单位应向建设单位移交监理资料。
（4）工程资料移交时应及时办理相关移交手续，填写工程资料移交书、移交目录。
（5）建设单位应按国家有关法规和标准的规定向城建档案管理部门移交工程档案，并办理相关手续。有条件时，向城建档案管理部门移交的工程档案应为原件。

9. 【答案】A

【解析】工程文件应采用碳素墨水、蓝黑墨水等耐久性强的书写材料，不得使用红色墨水、纯蓝墨水、圆珠笔、复写纸、铅笔等易褪色的书写材料。

10. 【答案】BDE

【解析】归档的工程文件应为原件，内容必须真实、准确、与工程实际相符合，选项A错误。

竣工图章的基本内容应包括"竣工图"字样、施工单位、编制人、审核人、技术负责人、编制日期、监理单位、现场监理、总监理工程师。注意是技术负责人而不是项目质量负责人，选项C错误。

# 第十章 施工成本管理

考点 1 施工成本影响因素及管理流程

1. 【答案】ACE

【解析】本题考查的是项目目标成本分解方法。目标成本可以按照成本内容进行分解：按照工程的人工、机械、材料及其他直接费（例如二次搬运费、场地清理费等）核算直接费用；按照项目的管理费等（例如临时设施摊销费、管理薪酬、劳动保护费、工程保修费、办公费、差旅费等）核算项目间接费。

2. 【答案】A

【解析】本题考查的是施工成本管理流程。建筑工程施工成本管理遵循以下程序：

(1) 成本预测。

(2) 成本计划。

(3) 成本控制。

(4) 成本核算。

(5) 成本分析。

(6) 成本考核。

### 考点 2　施工成本计划及分解

【答案】D

【解析】按照建筑工程施工项目成本的费用目标划分为生产成本、质量成本、工期成本、不可预见成本（例如罚款等）。

### 考点 3　施工成本分析与控制

1. 【答案】BCD

【解析】成本分析的依据是统计核算、会计核算和业务核算的资料。

2. 【答案】B

【解析】成本分析中，因素分析法最为常用。这种方法的本质是分析各种因素对成本差异的影响，采用连环替代法。该方法首要排序。排序的原则是：先工程量，后价值量；先绝对数，后相对数。然后逐个用实际数替代目标数，相乘后，用所得结果减替代前的结果，差数就是该替代因素对成本差异的影响。

### 考点 4　施工成本管理绩效评价与考核

【答案】ABCD

【解析】企业对项目经理进行考核，项目经理对各部门及管理人员进行考核，考核内容有：

(1) 项目施工目标成本和阶段性成本目标的完成情况。

(2) 建立以项目经理为核心的成本责任制落实情况。

(3) 成本计划的编制和落实情况。

(4) 对各部门、岗位的责任成本的检查和考核情况。

(5) 施工成本核算的真实性、符合性。

(6) 考核兑现。

## 第十一章　施工安全管理

### 考点 1　施工作业安全管理

1. 【答案】C

【解析】施工现场所有用电设备必须有各自专用的开关箱，选项A错误。

施工用电回路和设备必须加装两级漏电保护器，总配电箱（配电柜）中应加装总漏电保护器，选项B错误。

施工现场临时用电设备在5台及以上或设备总容量在50kW及以上者，应编制用电组织设计，选项C正确。

施工现场的动力用电和照明用电应形成两个用电回路，选项D错误。

2. 【答案】C

【解析】照明变压器必须使用双绕组型安全隔离变压器，严禁使用自耦变压器，选项A错误。

潮湿和易触及带电体场所的照明，电源电压不得大于24V，选项B错误。

隧道、人防工程、高温、有导电灰尘、比较潮湿或灯具离地面高度低于2.5m等场所的照明，电源电压不得大于36V，选项C正确（24V不大于36V，满足要求）。

特别潮湿场所、导电良好的地面、锅炉或金属容器内的照明，电源电压不得大于12V，选项D错误。

3. 【答案】C

【解析】单排脚手架搭设高度不应超过24m；双排脚手架搭设高度不宜超过50m，高度超过50m的双排脚手架，应采用分段搭设的措施。

4. 【答案】ABCE

【解析】脚手架在使用过程中，应定期进行

检查，检查项目应符合下列规定：
(1) 主要受力杆件、剪刀撑等加固杆件、连墙件应无缺失、无松动，架体应无明显变形。
(2) 场地应无积水，立杆底端应无松动、无悬空。
(3) 安全防护设施应齐全、有效，应无损坏缺失。
(4) 附着式升降脚手架支座应牢固，防倾、防坠装置应处于良好工作状态，架体升降应正常平稳。
(5) 悬挑脚手架的悬挑支承结构应固定牢固。

5. 【答案】ABCE
【解析】脚手架搭设过程中，应在下列阶段进行检查，检查合格后方可使用；不合格应进行整改，整改合格后方可使用：
(1) 基础完工后及脚手架搭设前。
(2) 首层水平杆搭设后。
(3) 作业脚手架每搭设一个楼层高度。
(4) 附着式升降脚手架支座、悬挑脚手架悬挑结构搭设固定后。
(5) 附着式升降脚手架在每次提升前、提升就位后，以及每次下降前、下降就位后。
(6) 外挂防护架在首次安装完毕、每次提升前、提升就位后。
(7) 搭设支撑脚手架，高度每2～4步或不大于6m。

6. 【答案】ABCD
【解析】影响模板支架整体稳定性主要因素：立杆间距、水平杆的步距、立杆的接长、连墙件的连接、扣件的紧固程度。

7. 【答案】D
【解析】满堂支撑架搭设高度不宜超过30m。

8. 【答案】D
【解析】立柱底部支承结构必须具有支承上层荷载的能力。立柱底部应设置木垫板，禁止使用砖及脆性材料铺垫，选项D错误。

9. 【答案】ABCD
【解析】保证模板安装施工安全的基本要求有：
(1) 模板工程作业高度在2m及2m以上时，要有安全可靠的操作架子或操作平台。
(2) 操作架子上、平台上不宜堆放模板，必须短时间堆放时，一定要码放平稳，数量必须控制在架子或平台的允许荷载范围内。
(3) 冬期施工，对于操作地点和人行通道上的冰雪应事先清除。雨期施工，高耸结构的模板作业，要安装避雷装置，沿海地区要考虑抗风和加固措施。
(4) 五级以上大风天气，应停止进行大块模板拼装和吊装作业。
(5) 在架空输电线路下方进行模板施工，如果不能停电作业，应采取隔离防护措施。
(6) 夜间施工，必须有足够的照明。

10. 【答案】ABCE
【解析】现浇混凝土结构模板及其支架拆除时的混凝土强度应符合设计要求。当设计无要求时，应符合下列规定：
(1) 承重模板，应在与结构同条件养护的试块强度达到规定要求时，方可拆除。
(2) 后张预应力混凝土结构底模必须在预应力张拉完毕后，才能进行拆除。
(3) 在拆模过程中，如发现实际混凝土强度并未达到要求，有影响结构安全的质量问题时，应暂停拆模，经妥善处理实际强度达到要求后，才可继续拆除。
(4) 已拆除模板及其支架的混凝土结构，应在混凝土强度达到设计的混凝土强度标准值后，才允许承受全部设计的使用荷载。
(5) 拆除芯模或预留孔的内模时，应在混凝土强度能保证不发生塌陷和裂缝时，方可拆除。

11. 【答案】A
【解析】高处作业指凡在坠落高度基准面2m以上（含2m）有可能坠落的高处进行的作业。

12. 【答案】AB
【解析】施工单位应为从事高处作业的人员提供合格的安全帽、安全带、防滑鞋等必备的个人安全防护用具、用品。从事高处作业的人员应按规定正确佩戴和使用，选项A正确。

在进行高处作业前，应认真检查所使用的安全设施是否安全可靠，脚手架、平台、梯子、防护栏杆、挡脚板、安全网等设置应符合安全技术标准要求，选项B正确。

在六级及六级以上强风和雷电、暴雨、大雾等恶劣气候条件下，不得进行露天高处作业，选项C错误。

因作业需要，临时拆除或变动安全防护措施时，必须经施工负责人同意，并采取相应的可靠措施，作业后应立即恢复，选项D错误。

在雨雪天从事高处作业，应采取防滑措施，而不是严禁高处作业，选项E错误。

13.【答案】C
【解析】现场作业人员不允许在起重机臂架、脚手架杆件或其他施工设备上进行攀登上下，选项C错误。

14.【答案】A
【解析】移动式操作平台台面不得超过$10m^2$，高度不得超过5m。

15.【答案】A
【解析】施工用电配电系统应设置总配电箱（配电柜）、分配电箱、开关箱，并按照"总—分—开"顺序作分级设置，形成"三级配电"模式，选项A正确。
照明变压器必须使用双绕组型安全隔离变压器，严禁使用自耦变压器，选项B错误。
一般场所宜选用额定电压为220V的照明器，选项C错误。
施工现场临时用电设备在5台及以上或设备总容量在50kW及以上者，应编制用电组织设计。临时用电设备在5台以下和设备总容量在50kW以下者，应制定安全用电和电气防火措施，选项D错误。

16.【答案】BD
【解析】在一般作业场所应使用Ⅰ类手持电动工具，外壳应做接零保护，并加装防溅型漏电保护装置；潮湿场所或在金属构架等导电性良好的作业场所应使用Ⅱ类手持电动工具；在狭窄场所（锅炉、金属容器、地沟、管道内等）宜采用Ⅲ类工具。

17.【答案】BCE
【解析】木工机具安全控制要点：
（1）木工机具安装完毕，经验收合格后方可投入使用。
（2）不得使用合用一台电机的多功能木工机具。
（3）平刨的护手装置、传动防护罩、接零保护、漏电保护装置必须齐全有效，严禁拆除安全护手装置进行刨削，严禁戴手套进行操作。
（4）圆盘锯的锯片防护罩、传动防护罩、挡网或棘爪、分料器、接零保护、漏电保护装置必须齐全有效。
（5）机具应使用单向开关，不得使用倒顺双向开关。

18.【答案】C
【解析】本题考查的是吊装作业安全控制要点。吊装作业使用行灯照明时，电压不得超过36V。

### 考点 2　安全防护与管理

1.【答案】ACDE
【解析】安全带的使用要求：
（1）凡在没有脚手架或者没有栏杆的脚手架上的高处作业，必须使用安全带或采取其他可靠的安全措施。
（2）安全带不得用于吊送工具材料或其他工作用具。
（3）安全带应高挂低用，注意防止摆动碰撞。
（4）使用中的安全带的双钩都应挂在结实牢固的构件上并要检查是否扣好，禁止挂在移动及带尖锐角、不牢固的构件上。
（5）使用中的安全带及后备绳的挂钩锁扣必须在锁好位置。
（6）由于作业的需要，安全带超过3m应加装缓冲器。

(7) 不准将带打结使用。

2. 【答案】C

【解析】根据国家有关规定，当竖向洞口短边边长小于500mm时，应采取封堵措施。选项A、B、D描述的是当垂直洞口短边边长大于或等于500mm时应采取的措施。

3. 【答案】ABCD

【解析】本题考查洞口作业时的防护措施，选项A正确。

符合非竖向洞口短边边长为25～500mm时的要求，选项B正确。

符合竖向洞口短边边长大于或等于500mm时的要求，选项C正确。

符合非竖向洞口短边边长为500～1500mm时的要求，选项D正确。

符合位于车辆行驶通道旁的洞口的要求，选项E错误，因为竖向洞口短边边长小于500mm时应采取封堵措施，而不是设置挡脚板。

4. 【答案】ABCE

【解析】电梯井口应设置防护门，其高度不应小于1.5m，防护门底端距地面高度不应大于50mm，并应设置挡脚板。在电梯施工前，电梯井道内应每隔2层且不大于10m加设一道安全平网。电梯井内的施工层上部，应设置隔离防护设施。

5. 【答案】D

【解析】防护栏杆应由上、下2道横杆及栏杆柱组成，上杆离地高度为1.0～1.2m，下杆离地高度为0.5～0.6m。除经设计计算外，横杆长度大于2m时，必须加设栏杆柱。

6. 【答案】C

【解析】应采取支护措施的基坑（槽）：

(1) 基坑（槽）深度较大，且不具备自然放坡施工条件。

(2) 地基土质松软，并有地下水或丰富的上层滞水。

(3) 基坑（槽）开挖会危及邻近建（构）筑物、道路及地下管线的安全与使用。

7. 【答案】D

【解析】悬臂式支护结构发生位移时，应采取加设支撑或锚杆、支护墙背卸土等方法及时处理。悬臂式支护结构发生深层滑动应及时浇筑垫层，必要时也可加厚垫层，以形成下部水平支撑。

8. 【答案】AB

【解析】基坑工程监测包括支护结构监测和周围环境监测。

支护结构监测：①对围护墙侧压力、弯曲应力和变形的监测；②对支撑（锚杆）轴力、弯曲应力的监测；③对腰梁（围檩）轴力、弯曲应力的监测；④对立柱沉降、抬起的监测等。

周围环境监测：①坑外地形的变形监测；②邻近建筑物的沉降和倾斜监测；③地下管线的沉降和位移监测等。

9. 【答案】A

【解析】基坑支护破坏的主要形式：①由支护的强度、刚度和稳定性不足引起的破坏；②由支护埋置深度不足，导致基坑隆起引起的破坏；③由止水帷幕处理不好，导致管涌等引起的破坏；④由人工降水处理不好引起的破坏。

10. 【答案】A

【解析】外用电梯的安装和拆卸作业必须由取得相应资质的专业队伍进行，安装完毕经验收合格之日起30日内，由使用单位向工程所在地县级以上地方人民政府建设主管部门办理建筑起重机械使用登记，选项A错误。

外用电梯底笼周围2.5m范围内必须设置牢固的防护栏杆，进出口处的上部应根据电梯高度搭设足够尺寸和强度的防护棚，选项B正确。

外用电梯与各层站过桥和运输通道，除应在两侧设置安全防护栏杆、挡脚板并用安全立网封闭外，进出口处尚应设置常闭型的防护门，选项C正确。

外用电梯在大雨、大雾、六级及六级以上大风天气时,应停止使用,选项D正确。

11. 【答案】BC

【解析】塔式起重机的安装和拆卸作业必须由取得相应资质的专业队伍进行,安装完毕经验收合格之日起30日内,由使用单位向工程所在地县级以上地方人民政府建设主管部门办理建筑起重机械使用登记,选项A错误。

遇有风速在12m/s(或六级)及以上大风、大雨、大雪、大雾等恶劣天气,应停止作业,将吊钩升起,选项D、E错误。

12. 【答案】ACE

【解析】文明施工检查评定保证项目应包括现场围挡、封闭管理、施工场地、材料管理、现场办公与住宿、现场防火。应急救援、施工组织设计及专项施工方案属于安全管理检查评定保证项目,选项B、D错误。

13. 【答案】C

【解析】建筑施工安全检查评定的等级划分应符合下列规定:
(1)优良:分项检查评分表无零分,汇总表得分值应在80分及以上。
(2)合格:分项检查评分表无零分,汇总表得分值应在80分以下,70分及以上。
(3)不合格:①当汇总表得分值不足70分时;②当有一分项检查评分表得零分时。

## 第十二章 绿色施工及现场环境管理

### 考点 1 绿色施工及环境保护

1. 【答案】A

【解析】绿色施工应遵循"四节一环保"理念,即节能、节地、节水、节材和环境保护。建造节约资源、保护环境,与自然和谐共生的建筑。

2. 【答案】C

【解析】施工现场的生活用水与工程用水应分别计量,选项C错误。

3. 【答案】ACDE

【解析】建筑垃圾处置应符合下列规定:
(1)建筑垃圾应分类收集、集中堆放。
(2)废电池、废墨盒等有毒有害的废弃物应封闭回收,不应混放。
(3)有毒有害废物分类率应达到100%。
(4)垃圾桶应分为可回收利用与不可回收利用两类,应定期清运。
(5)建筑垃圾回收利用率应达到30%。
(6)碎石和土石方类等应用作地基和路基回填材料。

4. 【答案】B

【解析】施工作业人员如发生法定传染病、食物中毒或急性职业中毒时,必须在2h内向施工现场所在地建设行政主管部门和卫生防疫等部门进行报告,并应积极配合调查处理。

5. 【答案】ABCD

【解析】现场文明施工主要内容:
(1)规范场容、场貌,保持作业环境整洁卫生。
(2)创造文明有序、安全生产的条件和氛围。
(3)减少施工过程对居民和环境的不利影响。
(4)树立绿色施工理念,落实项目文化建设。

6. 【答案】ABCD

【解析】现场文明施工管理的基本要求:
(1)施工现场应当做到围挡、大门、标牌标准化、材料码放整齐化(按照现场平面布置图确定的位置集中、整齐码放)、安全设施规范化、生活设施整洁化、职工行为文明化、工作生活秩序化。
(2)施工现场要做到工完场清、施工不扰民、现场不扬尘、运输无遗撒、垃圾不乱弃,努力营造良好的施工作业环境。

7. 【答案】ABCD

【解析】根据产品的特点,可以分别对成品、半成品采取"护、包、盖、封"等具体保护措施：
(1)"护"就是提前防护，针对被保护对象采取相应的防护措施。例如，对楼梯踏步，可以采取固定木板进行防护；对于进出口台阶可以采取垫砖或搭设通道板的方法进行防护；对于门口、柱角等易被磕碰部位，可以固定专用防护条或包角等措施进行防护。
(2)"包"就是进行包裹，将被保护物包裹起来，以防损伤或污染。例如，对镶面大理石柱可用立板包裹捆扎保护；铝合金门窗可用塑料布包扎保护等。
(3)"盖"就是表面覆盖，用表面覆盖的办法防止堵塞或损伤。例如，对地漏、排水管落水口等安装就位后加以覆盖，以防异物落入而被堵塞；门厅、走道部位等大理石块材地面，可以采用软物辅以木(竹)胶合板覆盖加以保护等。
(4)"封"就是局部封闭，采取局部封闭的办法进行保护。例如，房间水泥地面或地面砖铺贴完成后，可将该房间局部封闭，以防人员进入损坏地面。

### 考点 2  施工现场消防

1.【答案】C
【解析】施工现场动火审批程序：
(1) 一级动火作业由项目负责人组织编制防火安全技术方案，填写动火申请表，报企业安全管理部门审查批准后，方可动火。
(2) 二级动火作业由项目责任工程师组织拟定防火安全技术措施，填写动火申请表，报项目安全管理部门和项目负责人审查批准后，方可动火。
(3) 三级动火作业由所在班组填写动火申请表，经项目责任工程师和项目安全管理部门审查批准后，方可动火。
(4) 动火证当日有效，如动火地点发生变化，则需重新办理动火审批手续。

2.【答案】A
【解析】动火证当日有效，如动火地点发生变化，则需重新办理动火审批手续。

3.【答案】ACE
【解析】消防器材的配备：
(1) 临时搭设的建筑物区域内每$100m^2$配备2只10L灭火器。
(2) 大型临时设施总面积超过$1200m^2$时，应配有专供消防用的太平桶、积水桶(池)、黄砂池，且周围不得堆放易燃物品。
(3) 临时木料间、油漆间、木工机具间等，每$25m^2$配备1只灭火器。油库、危险品库应配备数量与种类匹配的灭火器、高压水泵。
(4) 应有足够的消防水源，其进水口一般不应少于两处。
(5) 室外消火栓应沿消防车道或堆料场内交通道路的边缘设置，消火栓之间的距离不应大于120m；消防箱内消防水管长度不小于25m。
(6) 灭火器应设置在明显的位置，如房间出入口、通道、走廊、门厅及楼梯等部位。
(7) 灭火器不应放置于环境温度可能超出其使用范围的地点。
高度超过24m的建筑工程，应安装临时消防竖管，管径不得小于75mm，严禁消防竖管作为施工用水管线。

4.【答案】ABD
【解析】存放易燃材料仓库的防火要求：
(1) 易燃材料仓库应设在水源充足、消防车能驶到的地方，并应设在下风方向。
(2) 易燃材料露天仓库四周内，应有宽度不小于6m的平坦空地作为消防通道。
(3) 储量大的易燃材料仓库，应设两个以上的大门，并应将生活区、生活辅助区和堆场分开布置。
(4) 有明火的生产辅助区和生活用房与易燃材料之间，至少应保持30m的防火间距。
(5) 危险物品之间的堆放距离不得小于10m，危险物品与易燃易爆品的堆放距离不得小于30m。
(6) 可燃材料库房单个房间的建筑面积不应超过$30m^2$，易燃易爆危险品库房单个房间的建筑面积不应超过20m²。

(7) 仓库或堆料场严禁使用碘钨灯，以防碘钨灯引起火灾。

5. 【答案】D

【解析】小型油箱等容器，登高焊、割等用火作业，均为二级动火。各种受压设备，为一级动火。在非固定的、无明显危险因素的场所进行用火作业，均属三级动火作业，动火等级最低。

6. 【答案】A

【解析】建立防火制度：

(1) 施工现场要建立健全防火安全制度。

(2) 建立义务消防队，人数不少于施工总人数的10%。

(3) 建立现场动用明火审批制度。

# 第四篇 案例专题模块

## 模块一 进度管理

### 案例一

1. (1) 事件一属于异节奏流水施工。
   (2) 流水施工的组织形式还有等节奏流水施工、无节奏流水施工。
2. 按照累加数列错位相减取大差法确定流水步距。
   (1) 各施工过程流水节拍的累加数列：
   施工过程A：2　4　6　8
   施工过程B：4　8　12　16
   施工过程C：6　12　18　24
   施工过程D：4　8　12　16
   (2) 错位相减，取最大值得流水步距：

   $K_{A,B}$　2　4　6　8
   －）　　　　4　8　12　16

   　　　2　0　－2　－4　－16
   所以，$K_{A,B}=2$。

   $K_{B,C}$　4　8　12　16
   －）　　　　6　12　18　24

   　　　4　2　0　－2　－24
   所以，$K_{B,C}=4$。

   $K_{C,D}$　6　12　18　24
   －）　　　　4　8　12　16

   　　　6　8　10　12　－16
   所以，$K_{C,D}=12$。
3. (1) 流水施工的计划工期 $T=\sum K_{i,i+1}+\sum t_n=(2+4+12)+(4+4+4+4)=34$ (d)。
   (2) 满足合同工期的要求。
4. 施工总平面布置图还包括以下内容：
   (1) 项目施工用地范围内的地形状况。
   (2) 全部拟建的建（构）筑物和其他基础设施的位置。
   (3) 施工现场必备的安全、消防、保卫和环保等设施。
   (4) 相邻的地上、地下既有建（构）筑物及相关环境。

### 案例二

1. (1) 计算工期=4+6+5=15 (d)。
   (2) 关键工作有工作B、E、H。
2. (1) 工作J的位置见下图。
   (2) 新关键线路：①→③→⑤→⑥→⑦。新工期：16d。

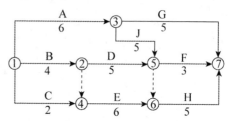

3. 可以把工作G、D停2d。因为工作G具有5d总时差，工作D有2d总时差，停工2d不影响总工期。工作J是关键工作，停工会影响工期。工作E仅有1d总时差，停工会影响工期。
4. 该工程施工管理目标应补充环保、节能、绿色施工等管理目标。

### 案例三

1. (1) 计算工期=9+5+7+2=23（周）=161 (d)。
   (2) 关键工作有工作A、D、E、G。
2. 单位工程施工组织设计的基本内容：
   (1) 编制依据。
   (2) 工程概况。
   (3) 施工部署。
   (4) 施工进度计划。
   (5) 施工准备与资源配置计划。
   (6) 主要施工方法。

(7) 施工现场平面布置。
(8) 主要施工管理计划等。

3. (1) 施工单位提出的费用索赔合理，工期索赔不合理。
(2) 理由：
①由于建设单位供应材料的质量问题造成的费用损失由建设单位承担，费用索赔5万元成立。
②工作F有2周的总时差，延误了3周。应该索赔3－2＝1（周）。

4. (1) 事件发生后的关键线路：A→D→F→G。
(2) 工作B、E、F的总时差分别为8、1、0周。

### 案例四

1. (1) 不妥之处一：项目技术负责人组织编制单位工程施工组织设计。
正确做法：单位工程施工组织设计由项目负责人主持编制。
(2) 不妥之处二：经项目负责人审批后报监理机构。
正确做法：施工单位主管部门审核，施工单位技术负责人或其授权的技术人员审批。

2. 关键线路：B→E→G→J。

3. (1) 工作D实际进度拖后1周。
工作E实际进度提前1周。
工作F实际进度拖后2周。
(2) 如果后续工作仍按原计划施工，本工程的实际完工工期是16周。

4. (1) 工作D的索赔不成立。
理由：工作D进度滞后1周，总时差为1周，并不影响总工期，故索赔不成立。
(2) 工作F索赔成立。
理由：工作F进度滞后2周，总时差为1周，影响总工期1周，故可索赔1周。

## 模块二  质量和验收管理

### 案例一

1. 依据背景资料，需要进行专家论证的分部分项工程安全专项施工方案有：
(1) 基坑深度为12m。
理由：开挖深度超过5m（含5m）的基坑（槽）的土方开挖、支护、降水工程，属于超过一定规模的危大工程。
(2) 首层高度为12m的模板工程混凝土模板支撑工程。
理由：搭设高度8m及以上，搭设跨度18m及以上的混凝土模板支撑工程，属于超过一定规模的危大工程。
(3) 建筑高度为65mm的玻璃幕墙工程。
理由：施工高度50m及以上的建筑幕墙安装工程，属于超过一定规模的危大工程。

2. (1) 不妥之处一：机械挖土时，基底以上500mm厚土层应采用人工配合挖除。
理由：机械挖土时，基底以上200～300mm厚土层应采用人工配合挖除。
不妥之处二：基坑（槽）每边比设计宽度加宽0.2m。
理由：开挖时，基坑（槽）每边比设计宽度加宽不宜小于0.3m，以便于夯实工作的进行。
不妥之处三：土方回填时基地内有少量杂物，施工单位认为没有影响，直接进行了回填工作。
理由：土方回填前应清除基底的垃圾、树根等杂物，抽除积水，挖出淤泥，验收基底高程。
(2) 填筑厚度及压实遍数应根据土质、压实系数及所用机具经试验确定。

3. 基坑验槽由总监理工程师或建设单位项目负责人组织建设、监理、勘察、设计的项目负责人及施工单位的项目负责人、技术质量负责人，共同进行验收。

4. 事件三中，施工单位的索赔成立。
理由：施工单位应在索赔事件发生后28d内，向工程师（建设单位或监理单位）提出索赔意向通知并送交最终索赔报告相关资料。本工程连续停工25d，复工后施工单位立即送交了索赔报告和相关资料，但建设单位超期未答复，视为建设单位已经认可，所以施工单位的索赔已经生效。

### 案例二

1. （1）不妥之处一：立杆底部用砖块进行了铺垫。
   理由：模板立杆底部应该设置木垫板，禁止使用砖及脆性材料铺垫。
   （2）不妥之处二：因设计对起拱高度无明确要求，施工单位根据经验按3cm起拱。
   理由：框架柱间距为8m×8m，设计无要求时，起拱高度宜为跨度的1/1000～3/1000，即起拱高度为8～24mm，所以按3cm起拱过大。
   （3）不妥之处三：与后浇带部位的模板一起整体安装。
   理由：后浇带位置的模板与主体部分模板分开搭设。
2. （1）检验批可根据施工、质量控制和专业验收的需要，按工程量、楼层、施工段、变形缝进行划分；分项工程可按主要工种、材料、施工工艺、设备类别进行划分。
   （2）钢筋进场时，应按国家现行有关标准抽样检验屈服强度、抗拉强度、伸长率及单位长度重量偏差。
3. 有抗震结构要求的钢筋除满足强度标准值要求外，还应满足以下要求：
   （1）抗拉强度实测值与屈服强度实测值的比值不应小于1.25。
   （2）屈服强度实测值与屈服强度标准值的比值不应大于1.30。
   （3）最大力总延伸率实测值不应小于9%。
4. （1）不妥之处一：试验员在标养室取了一组试块送检，测得试验强度达到设计强度的80%。
   理由：应在申请拆模的同一部位取一组同条件养护试块进行检测，检测强度达到设计强度的75%即可拆模。
   （2）不妥之处二：项目经理同意拆模。
   理由：应由项目技术负责人批准拆模。

### 案例三

1. （1）不妥之处一：直接在涂有镀膜层的构件上进行防雷连接。
   理由：在有镀膜层的构件上进行防雷连接，应除去其镀膜层。
   （2）不妥之处二：钢构件涂防锈油漆后进行防雷连接。
   理由：防雷连接的钢构件在完成后应进行防锈油漆处理。
2. （1）不妥之处一：在填充墙砌筑时，部分水泥是五个月前进场的。
   理由：当在使用中对水泥质量有怀疑或水泥出厂超过三个月时，应复查试验，并按复验结果使用。
   （2）不妥之处二：砌块堆置高度按规定不超过3m。
   理由：施工现场砌块应按品种、规格堆放整齐，堆置高度不宜超过2m。
   （3）不妥之处三：填充墙与承重主体结构间的空（缝）隙在填充墙砌筑7d后进行。
   理由：填充墙与承重主体结构间的空（缝）隙部位施工，应在填充墙砌筑14d后进行。
3. 幕墙工程的有关安全和功能检测项目有：
   （1）硅酮结构胶的相容性和剥离粘结性。
   （2）幕墙后置埋件和槽式预埋件的现场拉拔力。
   （3）幕墙的气密性、水密性、耐风压性能及层间变形性能。
4. 分部工程质量验收合格的规定有：
   （1）所含分项工程的质量均应验收合格。
   （2）质量控制资料应完整。
   （3）有关安全、节能、环境保护和主要使用功能的抽样检验结果应符合相应规定。
   （4）观感质量应符合要求。

### 案例四

1. （1）不妥之处一：由监理工程师组织主体结构验收。
   理由：根据规定，主体结构的验收应由总监理工程师或建设单位项目负责人组织。

(2) 不妥之处二：只有建设和施工单位的项目负责人参加主体结构的验收。

理由：根据规定，设计单位项目负责人也应参加主体结构的验收，而且施工单位技术、质量部门负责人和项目技术负责人也应参加主体结构的验收。

(3) 不妥之处三：质量监督机构认为勘察单位项目负责人也必须参加主体验收。

理由：根据规定，勘察单位项目负责人已参加了基础工程验收，所以主体验收时其可以不参加。

(4) 不妥之处四：施工单位项目负责人组织实施对涉及混凝土结构安全的部位进行结构实体检验。

理由：根据规定，应由施工单位项目技术负责人组织实施对涉及混凝土结构安全的部位进行结构实体检验。

(5) 不妥之处五：该严重缺陷的技术处理方案经过建设单位和监理单位认可后进行处理。

理由：根据规定，影响结构安全的严重缺陷，技术处理方案还应经过设计单位认可。

2. 结构实体检测包括混凝土强度、钢筋保护层厚度、结构位置与尺寸偏差以及合同约定的项目，必要时可检验其他项目。

3. (1) 不妥之处：专业监理工程师组织并主持了节能分部工程验收。

正确做法：节能分部工程验收应由总监理工程师（建设单位项目负责人）组织并主持。

(2) 还应参加节能分部工程验收的人员有：施工单位的质量或技术负责人；设计单位项目负责人及相关专业负责人；主要设备、材料供应商及分包单位负责人、节能设计人员。

4. (1) 施工单位应向建设单位移交施工资料。

(2) 实行施工总承包的，各专业承包单位应向施工总承包单位移交施工资料。

(3) 监理单位应向建设单位移交监理资料。

(4) 工程资料移交时应及时办理相关移交手续，填写工程资料移交书、移交目录。

(5) 建设单位应按国家有关法规和标准的规定向城建档案管理部门移交工程档案，并办理相关手续。有条件时，向城建档案管理部门移交的工程档案应为原件。

## 模块三　安全管理

💡 案例一

1. (1) 旗杆与基座预埋件焊接需要开动火证。因为其属于三级动火作业。

(2) 审批程序：三级动火作业由所在班组填写动火申请表，经项目责任工程师和项目安全管理部门审查批准后，方可动火。

(3) 施工现场安全警示牌的设置应遵循"标准、安全、醒目、便利、协调、合理"的原则。

2. (1) 不妥之处一：在施工前分包单位自行编制专项施工方案，并组织专家论证。

理由：实行施工总承包的，由施工总承包单位组织召开专家论证会。专家论证前专项施工方案应当通过施工单位审核和总监理工程师审查。

(2) 不妥之处二：设计单位项目负责人以专家的身份参加论证会。

理由：与本工程有利害关系的人员不得以专家身份参加专家论证会。

3. (1) 试吊程序：可按1.2倍额定荷载，吊离地面200～500mm，使各缆风绳就位且起升钢丝绳逐渐绷紧，并确认各部门滑车及钢丝绳受力良好；轻轻晃动吊物，检查扒杆、地锚及缆风绳情况。

(2) 不妥之处一：作业人员攀爬脚手架时未佩戴安全带。

正确做法：吊装作业人员必须佩戴安全帽，在高空作业和移动时，必须系牢安全带。作业人员上下应有专用的爬梯或斜道，不允许攀爬脚手架或建筑物上下。

不妥之处二：吊装作业使用行灯照明时，电压达到了220V。

正确做法：吊装作业使用行灯照明时，电压

不得超过36V。
4. 起重机要做到"十不吊"：
(1) 超载或被吊物质量不清不吊。
(2) 指挥信号不明确不吊。
(3) 捆绑、吊挂不牢或不平衡，可能引起滑动时不吊。
(4) 被吊物上有人或浮置物时不吊。
(5) 结构或零部件有影响安全工作的缺陷或损伤时不吊。
(6) 遇有拉力不清的埋置物件时不吊。
(7) 工作场地昏暗，无法看清场地、被吊物和指挥信号时不吊。
(8) 被吊物棱角处与捆绑钢绳间未加衬垫时不吊。
(9) 歪拉斜吊重物时不吊。
(10) 容器内装的物品过满时不吊。

## 💡 案例二

1. 地下水的控制方法主要有集水明排、真空井点降水、喷射井点降水、管井降水、截水和回灌等。
2. (1) 基坑发生坍塌前的主要迹象有：
   ① 周围地面出现裂缝，并不断扩展。
   ② 支撑系统发出挤压等异常响声。
   ③ 环梁或排桩、挡墙的水平位移较大，并持续发展。
   ④ 支护系统出现局部失稳。
   ⑤ 大量水土不断涌入基坑。
   ⑥ 相当数量的锚杆螺母松动，甚至有的槽钢（围檩）松脱等。
   (2) 基坑工程监测包括支护结构监测和周围环境监测。
   支护结构监测包括：
   ① 对围护墙侧压力、弯曲应力和变形的监测。
   ② 对支撑（锚杆）轴力、弯曲应力的监测。
   ③ 对腰梁（围檩）轴力、弯曲应力的监测。
   ④ 对立柱沉降、抬起的监测等。
   周围环境监测包括：
   ① 坑外地形的变形监测。

② 邻近建筑物的沉降和倾斜监测。
③ 地下管线的沉降和位移监测等。
3. 验槽时必须具备的资料：
(1) 详勘阶段的岩土工程勘察报告。
(2) 附有基础平面和结构总说明的施工图阶段的结构图。
(3) 其他必须提供的文件或记录。
4. (1) 不妥之处一：工程竣工验收后，建设单位指令设计、监理等参建单位将工程资料交施工单位汇总。
正确做法：设计、监理等参建单位将工程资料交建设单位汇总。
(2) 不妥之处二：施工单位把汇总资料提交给城建档案管理机构进行工程验收。
正确做法：建设单位应按国家有关法规和标准规定，向城建档案管理部门移交工程档案，并办理相关手续。

## 💡 案例三

1. 监理工程师的做法正确。理由如下：
(1) "施工中采用单排脚手架防护"不符合要求。
理由：单排脚手架搭设高度不应超过24m，双排脚手架一次搭设高度不宜超过50m。此工程应采用双排脚手架进行搭设。
(2) "采用柔性连墙件进行可靠连接"不符合要求。
理由：高度在24m及以上的双排脚手架，必须采用刚性连墙件与建筑物可靠连接，连墙件必须采用可承受拉力和压力的构造。
(3) "连墙件采用5步5跨进行布置"不符合要求。
理由：①连墙件应采用能承受压力和拉力的刚性构件，并应与工程结构和架体连接牢固；②连墙点的水平间距不得超过3跨，竖向间距不得超过3步，连墙点之上架体的悬臂高度不应超过2步。
2. 脚手架在使用过程中，应定期进行检查，检查项目应符合下列规定：
(1) 主要受力杆件、剪刀撑等加固杆件、连墙件应无缺失、无松动,架体应无明显变形。

(2) 场地应无积水,立杆底端应无松动、无悬空。

(3) 安全防护设施应齐全、有效,应无损坏缺失。

(4) 附着式升降脚手架支座应牢固,防倾、防坠装置应处于良好工作状态,架体升降应正常平稳。

(5) 悬挑脚手架的悬挑支承结构应固定牢固。

3. 现场高处作业检查评定项目包括安全帽、安全网、安全带、临边防护、洞口防护、通道口防护、攀登作业、悬空作业、移动式操作平台。

4. 根据有关规定,现场出入口、施工起重机械、临时用电设施、脚手架、通道口、楼梯口、电梯井口、孔洞、基坑边沿、爆炸物及有毒有害物质存放处等属于存在安全风险的重要部位,应当设置明显的安全警示标牌。

💡 **案例四**

1. (1) 项目经理的做法不正确。
   理由:临时用电施工组织设计应由电气工程技术人员组织编制。
   (2) "三级配电"模式是指总配电箱(配电柜)、分配电箱、开关箱。

2. 影响模板钢管支架整体稳定性的主要因素有立杆间距、水平杆的步距、立杆的接长、连墙件的连接、扣件的紧固程度等。

3. (1) 不合理之处一:该操作平台的台面面积为 15m², 台面距楼地面高 4.6m。
   正确做法:移动式操作平台台面面积不得超过 10m², 高度不得超过 5m。
   (2) 不合理之处二:可以带人移动。
   正确做法:平台移动时,作业人员必须下到地面,不允许带人移动平台。
   (3) 不合理之处三:平台未标明承载物料的总重量,所以使用时可以不限载。
   正确做法:操作平台上要严格控制荷载,应

在平台上标明负责人员和物料的总重量,使用过程中不允许超过设计的容许荷载。

4. 操作平台作业安全控制要点:

(1) 移动式操作平台台面不得超过 10m², 高度不得超过 5m, 高宽比不应大于 2:1。台面脚手板要铺满钉牢,台面四周设置防护栏杆。平台移动时,作业人员必须下到地面,不允许带人移动平台。

(2) 悬挑式操作平台的悬挑长度不宜大于 5m, 设计应符合相应的结构设计规范要求,周围安装防护栏杆。悬挑式操作平台安装时不能与外围护脚手架进行拉结,应与建筑结构进行拉结。

(3) 操作平台上要严格控制荷载,应在平台上标明负责人员和物料的总重量,使用过程中不允许超过设计的容许荷载。

(4) 落地式操作平台高度不应大于 15m, 高宽比不应大于 3:1, 与建筑物应进行刚性连接或加设防倾措施,不得与脚手架连接。

## 模块四 合同、招投标及成本管理

💡 **案例一**

1. 依法必须招标的工程建设项目,应当具备下列条件才能进行施工招标:
   (1) 招标人已经依法成立。
   (2) 初步设计及概算应当履行审批手续的,已经批准。
   (3) 招标范围、招标方式和招标组织形式等应当履行核准手续的,已经核准。
   (4) 有相应资金或资金来源已经落实。
   (5) 有招标所需的设计图纸及技术资料。

2. (1) A 投标人的投标文件有效。
   (2) B 投标人的投标文件无效。
   理由:安全文明施工费不得作为竞争性费用。
   (3) C 投标人的招标文件无效。
   理由:组成联合体投标的,投标文件应附联合体各方共同投标协议。

3. 施工合同文件的组成及解释顺序:

(1) 合同协议书。
(2) 中标通知书。
(3) 投标函及其附录。
(4) 专用合同条款及其附件。
(5) 通用合同条款。
(6) 技术标准和要求。
(7) 图纸。
(8) 已标价工程量清单或预算书。
(9) 其他合同文件。

4. 预付款＝8000×15％＝1200.00（万元）。
起扣点＝8000－1200/60％＝6000.00（万元）。

### 案例二

1. (1) 不妥之处一：承包人在收到变更指示后的第15d，向监理人提交了变更估价申请。
理由：承包人应在收到变更指示后14d内，向监理人提交变更估价申请。
(2) 不妥之处二：竣工结算时，施工单位将因变更引起的价格调整计入了最后一期进度款中。
理由：因变更引起的价格调整应计入最近一期的进度款中支付。
(3) 不妥之处三：发包人以未审批该变更估价申请为由拒付此笔款项。
理由：发包人应在承包人提交变更估价申请后14d内审批完毕。发包人逾期未完成审批或未提出异议的，视为认可承包人提交的变更估价申请。

2. 大体积混凝土裂缝控制措施：
(1) 优先选用低水化热的矿渣水泥拌制混凝土，并适当使用缓凝减水剂。
(2) 在保证混凝土设计强度等级的前提下，适当降低水胶比，减少水泥用量。
(3) 降低混凝土的入模温度，控制混凝土内外的温差。如降低拌合水温度，骨料用水冲洗降温等。
(4) 及时对混凝土覆盖保温、保湿材料。
(5) 可在基础内预埋冷却水管，通入循环水，强制降低混凝土水化热产生的温度。

(6) 设置后浇缝，以减小外应力和温度应力。
(7) 大体积混凝土可采用二次抹面工艺，减少表面收缩裂缝。

3. 建筑工程合同价款还有可调总价合同、固定单价合同、可调单价合同和成本加酬金合同。

4. 事件二中，施工单位申报的增加费用不符合约定。
理由：按照合同通用条款的规定，总承包方在确认设计变更后14d内不提出设计变更增加款项的，视为该项设计变更不涉及合同价款变更。总承包方是在设计变更施工2个月后才提出设计变更报价，已超过合同约定的14d期限，因此发包方有权拒绝该项报价的签认。

### 案例三

1. (1) 评标小组的做法正确。
(2) 不可作为竞争性费用项目是措施费中的安全文明施工费、规费及税金。

2. 土方开挖总价＝（9＋10＋1.6）×（1＋8％）×（1＋5％）×6000＝140162.40（元）。
应填报的土方开挖综合单价＝140162.40/4500＝31.15（元/m³）。
中标造价＝8000＋300＋120＋40＋80＝8540.00（万元）。
预付款＝（8540－50）×10％＝849.00（万元）。

3. 合同管理工作：①合同订立；②合同备案；③合同交底；④合同履行；⑤合同变更；⑥争议与诉讼；⑦合同分析与总结。

4. (1) 目标成本为：600×700×（1＋4％）＝436800.00（元）。
(2) 代换"产量"：620×700×（1＋4％）＝451360.00（元）。
所以，产量的增加，使混凝土分项工程成本增加：451360－436800＝14560.00（元）。
(3) 代换"单价"：620×740×（1＋4％）＝477152.00（元）。

所以，单价的增加，使混凝土分项工程成本增加：477152－451360＝25792.00（元）。

(4) 代换"损耗率"：620×740×（1＋3％）＝472564.00（元）。

所以，损耗率的降低，使混凝土分项工程成本降低：472564－477152＝－4588.00（元）。

### 案例四

1. 中标造价＝4800＋576＋222＋64＋218＝5880（万元）。

2. 措施项目费通常包括一般措施项目费［安全文明施工（含环境保护、文明施工、安全施工、临时设施）、夜间施工、非夜间施工照明、二次搬运、冬雨期施工增加、大型机械设备进出场及安拆、施工排水、施工降水、地上地下设施、建筑物的临时保护设施、已完工程及设备保护］、脚手架工程费、混凝土模板及支架（撑）费、垂直运输费、超高施工增加费。

3. 事件二中，监理工程师不批准变更价款是合理的。

理由：施工单位在收到变更指令后的14d内，未向监理工程师提出变更价款申请，视为该变更工程不涉及价款变更。

4. 除专用合同条款另有约定外，变更价款按照下列约定处理：
(1) 已标价工程量清单或预算书中有相同项目的，按照相同项目单价认定。
(2) 已标价工程量清单或预算书中无相同项目，但有类似项目的，参照类似项目的单价认定。
(3) 变更导致实际完成的变更工程量与已标价工程量清单或预算书中列明的该项目工程量的变化幅度超过15％的，或已标价工程量清单或预算书中无相同项目及类似项目单价的，按照合理的成本与利润构成的原则，由合同当事人商定（或确定）变更工作的单价。

### 案例五

1. 预付款＝3000×10％＝300.00（万元）。

起扣点＝3000－300/60％＝2500.00（万元）。

2. 需要修改施工组织设计的情况还有：
(1) 工程设计有重大修改。
(2) 有关法律、法规、规范和标准实施、修订和废止。
(3) 主要施工方法有重大调整。
(4) 主要施工资源配置有重大调整。
(5) 施工环境有重大改变。

3. (1) 总承包单位的做法不正确。

理由：按照建筑法、民法典合同编的相关规定，承担总承包单位有责任接受专业分包单位的索赔报告，按照合同条款和事件情况对专业分包做出答复。然后总承包单位再向建设单位递交索赔报告。

(2) 由于某工作在关键线路上，所以可获得8d的工期补偿；由于造成停工的责任属于建设单位，所以专业分包单位可以获得8万元的误工损失。

4. 建筑工程施工成本管理遵循以下程序：①成本预测；②成本计划；③成本控制；④成本核算；⑤成本分析；⑥成本考核。

## 模块五 现场管理

### 案例一

1. (1) 不妥之处一：每200$m^2$配置2个10L的灭火器。

正确做法：每100$m^2$配置2个10L的灭火器。

(2) 不妥之处二：在60$m^2$的木工棚内配备了2个灭火器。

正确做法：在60$m^2$的木工棚内至少配备3只灭火器。因为临时木工间、油漆间、木机具间等，每25$m^2$必须配备1个灭火器。

(3) 不妥之处三：安装了临时消防竖管，管径为70mm，消防竖管作为施工用水管线。

正确做法：高度超过24m的建筑工程，应安装临时消防竖管，管径不得小于75mm，严禁消防竖管作为施工用水管线。

2. "五牌一图"：工程概况牌，安全生产牌，文明施工牌,消防保卫牌,管理人员名单及监督电话牌,施工现场总平面图。

3. 现场临时用水包括生产用水、机械用水、生活用水和消防用水。

4. 事件三中,经调整后的实际结算价款 = $14250×(0.2+0.15×1.12/0.99+0.30×1.16/1.01+0.12×0.85/0.99+0.15×0.80/0.96+0.08×1.05/0.78)=14962.13$(万元)。

### 案例二

1. (1) 不妥之处一:夜间监测噪声值为 60dB。
   正确做法:夜间监测噪声值应≤55dB。
   (2) 不妥之处二:施工现场污水顺着城市排水设施排走。
   正确做法:施工现场污水排放申领《临时排水许可证》。雨水排入市政雨水管网,污水经沉淀处理后二次使用或排入市政污水管网。现场产生的泥浆、污水未经处理不得直接排入城市排水设施、河流、湖泊、池塘。
   (3) 不妥之处三:工地按要求搭设高度为 1.8m 的围挡。
   正确做法:一般路段的围挡高度不得低于 1.8m,市区主要路段的围挡高度不得低于 2.5m。

2. 裸露的场地和集中堆放的土方应采取覆盖、固化或绿化等措施。现场土方作业应采取防止扬尘措施。

3. (1) 不妥之处一:工人宿舍室内净高 2.3m,封闭式窗户,每个房间住 20 个工人。
   正确做法:现场的施工区域应与办公、生活区划分清晰,并应采取相应的隔离防护措施。宿舍必须设置可开启式外窗,床铺不得超过 2 层,通道宽度不得小于 0.9m。宿舍室内净高不得小于 2.5m,住宿人员人均面积不得小于 2.5m²,且每间宿舍居住人员不得超过 16 人。
   (2) 不妥之处二:现场设置一个出入口,出入口设置办公用房。
   正确做法:施工现场宜设置两个以上大门,办公用房宜设在工地入口处。
   (3) 不妥之处三:场地附近设置 3.8m 宽环形载重单车主干道(兼消防车道)。
   正确做法:施工现场的主要道路应进行硬化处理,主干道应有排水措施。消防车道宽度不小于 4m。

4. 安全管理检查评定的内容:
   (1) 保证项目应包括安全生产责任制、施工组织设计及专项施工方案、安全技术交底、安全检查、安全教育、应急救援。
   (2) 一般项目应包括分包单位安全管理、持证上岗、生产安全事故处理、安全标志。

亲爱的读者：

如果您对本书有任何 感受、建议、纠错，都可以告诉我们。

我们会精益求精，为您提供更好的产品和服务。

祝您顺利通过考试！

扫码参与调查

环球网校建造师考试研究院